武田邦彦

JN282629

偽善エコロジー

「環境生活」が地球を破壊する

GS
幻冬舎新書
081

偽善エコロジー／目次

まえがき

「我が社は環境に配慮しています」という広告コピーを見て、学生が「この会社は売り上げを増やしたいと思っている」というレポートを書いてきました。「環境にやさしい」という会社を、どうも疑わしいと思う人が少しずつ増えてきています。

日本人が環境問題について慣れてきたこともありますが、「環境にいいから」とごまかされて損をしたり、商売で苦しんでいる人も増えてきました。たとえば、「屋根に太陽電池パネルをつけると、電気代がほとんどいらなくなる」とすすめられてつけてみたけれど、払ったお金に見合うほど電気代は安くならないとか、「水素が将来、有望なエネルギー源になる」と聞いて投資したものの、自然界には普通に存在しない燃料だとあとから聞かされ、大きな損失を受けた、という被害者が出てきています。

こんなことが起こるのはメディアにも責任があるでしょう。

たとえば、読者は高額の新聞代を月々払っているわけですから、新聞社は、読者のために正しく事実を伝えなければならないのは当然です。ところが、新聞が読者に「選挙に行きましょう」と呼びかけることでもわかるように、読者より上の立場から指導しようとします。

本来、新聞は「投票率が下がると社会はどうなるか」という「事実」を伝え、読者が「投票に行くかどうかを決める」というのが、読者と新聞の正しい関係ですが、それがすっかり逆になっています。

環境問題でも同じで、マスメディアが「環境キャンペーン」なるものを張って、読者を指導します。実際は地盤沈下で海に浸食されているツバルという島国を、「温暖化による海面上昇で沈んだ」という事実に反する情報を流し、読者にある考えを植えつけるようなことがよい例です。

２００７年には伊勢の名菓「赤福」の賞味期限偽装が問題になりましたが、内容は些細なことで、少し前なら問題にはならなかったでしょう。赤福は伊勢市にずいぶん貢献してきました。伊勢神宮の前にある「おかげ横丁」と呼ばれる商店街を作ったのも赤福です。しかし、どんなに貢献していてもウソの表記や不誠実な商売は通らない時代になってきました。もし、赤福を非難した新聞が同じ基準で非難されるとしたら、いったいどの新聞が生き残るでしょうか。

この本は、これまで続けてきた「ウソの環境生活」をこの辺でやめよう、これからは後ろめたさのない生活、表面上は環境にいいといっているけれども、実は自分が得すればいいのだという「環境」から、本当に日本の将来のため、子孫のためになる「環境」に切り替える時期ではないかと思い、執筆しました。

多くの人が「環境を大切にしたい」と願っています。しかしながら、年賀状に「40％リサイクル紙」と書いてあるのを信じていたら、ほとんどリサイクル紙が入っていなかったり、毎日こまめに洗って分別して出しているプラスチックの多くが、実は焼却されていたりと、年金問題や食品偽装と同じように、環境に関しても偽装が増えて、せっかくの努力が無駄になっているのではないかと思うと、心配になってしまいます。

今回、可能な限り、確実な情報を整理しました。地球温暖化についてはＩＰＣＣ（気候変動に関する政府間パネル）という国連機関のデータを、毒物についてはその道の専門家の信頼できる論文を、そして海外のことについてはその国の新聞などをあたり、「本当に環境を守るためには」という視点から書いています。そしてこの本の中で日常的に皆さんが得ている情報と違う場合には、その出典や理由を、詳しく説明しながら進もうと思います。

本書掲載のデータについて

＊本書を書く上で参考にさせていただいたデータは、図表や本文に明記してある。すべては学術論文の方式にのっとり、著者の責任のもとで読者にわかりやすいよう整理してあるため、参考にしたデータの表記とは同じものではないことをお断りしておく。抜粋の際は、その旨を記す。
＊データの中には、公的に発表された数字と違うものがある。しかし近年、紙のリサイクル率の偽装問題や年金問題などからも明らかになったように、もともと公的に発表される数字は曖昧なもの――「リサイクル率の推移」のグラフの内容が、実は「回収率」を表していたり、「年」と「年度」が資料ごとに統一されていない等々――が多い。そのため、公的数字は参考程度にし、その数字が「事実であるかどうか」を自ら調査し、確認し、整理したデータを載せている。
＊なお、本書に載せられなかった「ペットボトルのリサイクル」に関する詳細な計算根拠は、武田研究室のホームページ「特設スタジオ（http://takedanet.com/cat5621932/index.html）他、公表されたものとしては、「日経エコロジー」２００７年11月号に示してある。

第一章 エコな暮らしは本当にエコか？

検証一 レジ袋を使わない
判定 ただのエゴ

石油を大事に使おうと思ったら、
エコバッグではなく
ぜひレジ袋を使ってください。

レジ袋は石油の不必要な成分を活用した優れもの

少し前から問題になりかけていましたが、2007年になって急に「レジ袋追放運動」が起こり、最近ではスーパーに行くと、「レジ袋はいりますか」と聞かれたり、時にはレジ袋を使おうとすると怒られそうなことすらあります。

あまりよく考えないで、ただ、業者の尻馬に乗った人から、「環境が大切だってことを知らないのですか！」などとお説教されるのには閉口します。

レジ袋の追放運動を指導している、環境省や自治体、それに同調している大型スーパーの説明は次の通りです。

「レジ袋は日本で一年に300億枚も使われる。そのレジ袋は結局、指定のゴミ袋に入れられて捨てられるのだから、資源のムダ使いだ。ゴミの二重包装になっている。それは〝使い捨て文化〟を定着させるから、エコバッグを持って買い物に行こう。ヨーロッパでは昔からそうしている。日本は遅れている」

でも、この理由は本当でしょうか？

大型スーパーは、どんなに考えても「物を少なく売りたい」ようには見えないので信用できませんが、環境省や自治体は、私たちの税金で給料をもらっている人たちなので、国民にウソをつくはずがありません。ですから、日本人の多くがこの説明を信用し、新聞やテレビもさかんに報道していますが、実は、現代の日本という社会は、お役所といっても信用できない哀しい時代なのです。

この問題を一つひとつ、考えていきたいと思います。

まずは石油というものはどういうものかということです。石油や石炭は、前の世紀、つまり20世紀が始まるまでは、燃料としてしか使われていませんでした。もともと石油は動物の死骸、石炭は植物の死骸でできたとされています。樹木や動物の体がよく燃えることでわかると思いますが、石油も石炭も燃料としては優れたものです。

20世紀になり、ドイツの有機化学を活用して、当時、ニューヨークに住んでいたベークランド博士が初めて〝ベークライト〟という製品を石炭から作りました。その後すぐ、石油のほうが石炭より都合がよいことがわかり、石油からプラスチックや繊維、ゴムを作れるようになったのです。

しかし石油は、もともと大昔の生物の死骸ですから、現在の人間が必要としているものと、成分が完全に合致しているわけではありません。

たとえば、3億年前に動物が死ぬときに、「21世紀の日本で自動車が何台、テレビが何台、レジ袋が何枚いるから、それに合わせて自分も体の構造を変えて死のう」などということを考えないのは当然です。ですから石油はとても便利ですが、そのままでは、現在の我々の生活に効率よく使えるとは限らないのです。

20世紀の初め、人間が石油をプラスチックやゴムなどとして使い始めたとき、ある成分はプラスチックなどとして使うことができずに燃やしていました。今から40年ほど前までは、日本に持ち込まれて製造される石油コンビナートの近くに行くと、煙突からモウモウと炎が上がって、夜空を焦がしているのを見た人がいると思いますし、今でも原油の産地では同じ景色を見ることができます。あれが「もともとは石油の中に入っているけれど、現代の産業ではあまり使い道がないので、燃やしているもの」だったのです。

ところが、最近ではコンビナートの煙突からは水蒸気が上がっているだけで、煙や炎はほとんど見えません。それは石油の成分がとことん使用されるようになったからです。かつて用途がなかったか、または用途はあっても石油の中の成分の量と日本人が使う量がマッチしないので、仕方なく燃やしていたもの——多くの成分のうち、低い沸点の化合物など——を、石油化学や高分子化学という方面の学問が進み、利用できるようになりました。

たとえば、レジ袋やビールのケース、自動車のバンパーなどが私たちの身の回りでよく見られるもので、これらは、いわば石油の〝廃品〟を有効に使うようにしたのですから、環境には特によいものです。

家庭でよく見かける「ポリ袋」や「レジ袋」は、かつて「ビニール袋」と呼ばれました。これは「塩化ビニール」という成分の名前からきているのですが、それまで無駄にしていたオレフィン成分からできるポリエチレンに変わり、袋の名前も「ビニール袋」から「ポリ袋」になりました。そして、塩化ビニールはそのすばらしい特徴を活かして、壁紙や土木用のパイプといったもっと高級な用途に使われるようになったのです。

このようにして、今では石油のほとんどを使えるようになり、コンビナートも無駄に石油を燃やさなくなりました。

そのような状態だったのに、そして、石油化学の若い技術者が一所懸命、努力してなんとか石油の成分を残らず有効に使えるようにしたレジ袋を、「環境のため」といって追放しようとするのですから、その間違った考え方を直したほうがよいでしょう。もともとレジ袋が「タダ」で供給されるようになったのは、価値がなかったものが使えるようになったという背景があったのです。

レジ袋を追放すると石油の消費量が増える理由

このようにして生まれたレジ袋をやめた場合、どうなるでしょうか？　レジ袋を追放すると、新しく三つのことをしなければなりません。まずレジ袋に使っていた石油の成分を、違う用途にまわさなければならないこと、第二に、レジ袋に代わる買い物袋を製造すること、そして第三に、ゴミを捨てるときにレジ袋に変わる専用ゴミ袋を作らなければならないことです。

まず単純にレジ袋をやめれば、これまでレジ袋用に作られていた原料がいらなくなるので、それをまた煙突で燃やさなければなりません。もちろん、レジ袋追放を決めた環境省や自治体は、そんなことはまったく考慮もしていないし、それに関する計算も公表されていません。先ほど説明しましたように、石油の成分は大昔の生物の死骸なので、思うようになりません。レジ袋が環境に影響を与えるぐらい多く使われているなら、その代わりのものを探すのも大変です。多くの人は「レジ袋を減らした分だけ石油の消費量が減る」と錯覚していますが、石油の成分は一種類ではないので、他のものも同時に減らないと効果は上がりません。

第二に、買い物袋を新しく作らなければならないということです。マイバッグ、つまり買い物袋に使うエコバッグの材料は〝ＢＴＸ成分〟といって、石油の中で量は少なく貴重な成分です。多くの化学薬品やプラスチック、たとえば、テレビのキャビネットケース、洗濯機、冷蔵庫、掃除機などの外側はそうですし、自動車の室内のプラスチックもほとんどＢＴＸ成分でできています。また、私たちの着ているワイシャツなどのポリエステルもＢＴＸ成分から作られます。このように、ＢＴＸ成分は引く手あまたで、足りないことがあってもあまることはまれです。

エコバッグの多くはＢＴＸ成分からできています。ですから、もし、レジ袋の代わりにエコバッグを買い、エコバッグが汚れたからといって一年に一度買い換えることになると、石油を使う量はレジ袋の比ではありません。少ない量のＢＴＸ成分を使ってエコバッグを作り、あまっている成分は燃やすという昔へ逆戻りしてしまいます。「エコバッグ」と名付けてエコのように偽装する手口も感心しません。対策として、エコバッグを綿で作ったりする方法がありますが、１００％綿でできていない限り、さらに石油を多く使うことになります。

第三に、毎日の生活では生ゴミや小さな紙くずなどのゴミが出ます。このゴミを捨てるには「袋」が必要で、これまではタダでもらったレジ袋を代用していました。どうせ燃やしてしまうのですから「使った残りのものをリユース（再利用）する」というのがいちばんよいのですが、なぜかレジ袋は多くの自治体で再利用が禁止され、レジ袋と同じ成分でできた「ポリエチレン製専用ゴミ袋」を消費者が新たに買って使わなければならなくなっています。

これほど非合理的なことが起こるとはビックリします。もともと使い道のない原料を使って石油の有効利用をしているのに、より貴重な資源を使うエコバッグを推奨し、せっかくゴミ袋として再利用できるのに、新品のゴミ袋を買わせるのです。

環境というのは、一つひとつのことを個別に考えてすむものではありません。「環境」そのものが総合的なものですから、環境によいことを何かするときには、その影響が全体としてどのようなものかを考えなければならないのは当然です。

しかし、こんなに不可解なことが起こる原因の一つは、省庁間の縦割り行政という、環境にも庶民にもまったく無関係の、お役人の縄張り問題に起因します。

「環境」というと、誰でもエネルギーや食糧、地域の町作りなどを思い浮かべますが、現在の日本の役所の構造では、「エネルギーの節約」は経済産業省、「食べ物関係」は農林水産省、「川や道路、町作り」は国土交通省が担当しておりますから、環境省はそれらに手を出すことができません。そうすると、肝心の環境問題で環境省が担当しているものがないので、何かテーマを探さなければなりません。それで環境省から出てきたのが、「クールビズ」や「レジ袋の追放」のように、「社会の一部だけを見た環境政策」なのです。

レジ袋を追放して、かつ、「買い物袋」も「専用ゴミ袋」もいらないのなら、石油の消費量を減らすことになりますが、レジ袋の代わりのものがいるのですから、消費量がほとんど変わらないのは素人目にもわかります。

また、日本全体のエネルギー消費量に目を向けますと、レジ袋の追放が、環境改善という意味で、いかに効果が薄い政策かもわかります。石油は天然ガスや石炭、原子力などと同じエネルギーの一つです。現在、そういった一次エネルギーの国内供給は、全体で約2万3000TJ（テラジュール＝熱量の単位の一つ。ジュール（J）が基本単位で1cal＝4・186J。「テラ」は10の12乗を表す単位の接頭辞。計量単位の異なる各種のエネルギー源を比較するため、比較する場合はすべて熱量単位に置き換える）です。石油はそのうち9000TJほどで、全体の約4割を占めています。この9000TJを石油の重量に換算すると、5億4000万トンになります。

レジ袋に使っている石油重量（消費量）は現在25万トン。仮に、百歩譲って、レジ袋を追放し、専用ゴミ袋とエコバッグを使うことで石油消費量が半分になり、12・5万トンになったとしても、全体のエネルギー量からすると、わずか0・023％の削減にしかなりません。「チリも積もれば山となる」と考えている方に、別の例で示しますと、この12・5万トンの削減というのは、日本が今進めようとしている温暖化ガス6％削減目標の240分の1だけ達成できることになります。言い換えれば、レジ袋の追放と同じことを240個やらないと、6％の削減目標は達成できません。家庭でほかにできることを240個見つけて実行すると、生活は破綻してしまいます。ですから、家庭で小さなことをいくらやっても意味がないのです。

個人の思想信条でレジ袋を使わないのは良いのですが、とても社会運動として展開したり、他人に強制するものではありません。

最後に、このレジ袋の環境問題を、もう一度、ミクロの視点に戻して整理しておきたいと思います。まず、レジ袋の追放が「石油の消費を減らすことができる」かどうかを判断するのに必要な情報は、「レジ袋が何万トン使われているか」ということではなく、
「レジ袋の量」－｛「エコバッグの量」＋「専用ゴミ袋の量」｝
という「引き算」であることは、小学生でもわかることです。しかし、これまでこの引き算が発表されたことはありません。環境問題の多くは「引き算の問題」なのですが、引き算を発表しないのは、ある意図があるからです。レジ袋に関するもう一つの「引き算」は、
「タダのレジ袋」－｛「スーパーが販売するエコバッグの値段」＋「専用ゴミ袋の値段」｝
です。この分だけが、レジ袋を追放したことによるスーパーの売り上げの増加になります。これも普通は発表されません。
その結果、結局、レジ袋を追放してみて、よくよくあとで計算したら、石油を余計に使うようになり、スーパーはかなりの売り上げの増加になった、ということになる可能性があります。
また、レジ袋追放を称賛するテレビ番組などを見ていますと、主婦の方にインタビューをし、「最近ではエコバッグを持ってくることが習慣になった」というコメントをしきりに流しています。しかし現代の社会は、買い物のために外出できる人だけではありませんし、時間的にも

自由になる人は少ないでしょう。その人たちは朝、満員電車に乗っていくときにも帰りに買い物をするバッグを持ち歩かなければなりません。生活が多様化した現在、「主婦」という名称すら適当ではないと思います。

「環境問題」はなぜか「生活を不便にすることが環境によいことになる」という錯覚を生じやすく、「弱者を痛めつける」ことも多いのですが、レジ袋の追放は、まさに消費者から見れば弱いものにしわ寄せをする「格差拡大」、売り手から見るとスーパーの売り上げ増加のために「環境」という印籠《いんろう》を使ったものと感じられます。


（追記）　レジ袋を削減すると、かえって石油の消費量が増えるという著者の指摘に対し、環境省リサイクル推進室橋本室長補佐は、毎日新聞紙上で、「レジ袋削減は、原油使用量削減のため取り組んでいるのではない」という驚くべき内容のコメントを出し、「ペットボトルなどのリサイクルに力を費やしたが、1人当たりの家庭ゴミ排出量はほとんど変わらずゴミの減量効果はなかった。そこで、ゴミ自体を出さないリデュース（発生抑制）への転換の象徴的な存在としてレジ袋に着目した。ライフスタイル転換のきっかけにしようという意味合い」と発言した（二〇〇八年七月十七日付夕刊二面）。

これには、環境評論家やＮＰＯ団体なども愕然とした。今までの話は何だったのか？　ということになる。関係者の話でもレジ袋削減運動の偽善がはっきりしたのだから、あとはできるだけ早く元に戻すことである。

検証二　割り箸を使わずマイ箸を持つ　⬅　判定　ただのエゴ

森林を育て、自然を大切にするなら、
国産の割り箸を
どんどん使ってください。

「端材」から作っていた割り箸

まずはわかりやすい簡単な数字からいきたいと思います。

森林には１ヘクタールあたり、１５０リューベ（㎥）程度の木が育ちます。「リューベ」という単位ではわかりにくいので、まず「１５０本の木」と覚えておいてください。

この１５０本の木のうち、どのくらい実際に山から切り出せるかというと、半分以下の70本になります。残りの80本は山に捨てます。もちろん、山の状態で違いますから、「半分が山から採れるが、半分は捨てる」と覚えても結構です。次にどうしてこんなもったいないことになるか、ということを説明します。

まず、森林を上から見ると、びっしりと木が生えているのが普通です。木は重たいので、中のほうの木を切り出すときに、昔ならウマ、今では重機を使わなければなりません。おまけに樹木が育つのに30年ほどかかりますから、畑に植えた野菜のように、一年で全部、取り出すことはできません。どうしても端のほうの樹木は犠牲になります。実際には区画を決めて計画的に切っていきます。つまり、真ん中の樹木を切るために、外側に道路を通したり、あらかじめ外側にある木を切っておくことが必要なので、多くの木を犠牲にします。

次に、木を育てるには、〝間引き〟が必要です。木は植物ですから、最初は比較的、隣の苗木と密に接するようにして植えます。背の高い樹木を育てるには、隣の木と接していて、「自分が背が高くならないと太陽の光を受けられない」という危機感を持ってもらわなければなりません。ポツポツとまばらに植えますと、自分しかいないと安心して、成長が遅くなります。必ず密に植えなければならないのは、畑にダイコンなどを植えるときと同じです。

間引きは、樹木の成長に伴って少しずつしていきますが、まだ材木としては使えないので、半端な木材を使う用途がなければ、そのまま山に捨ててしまいます。山から樹木を切り出すにはかなりお金がいりますから、用途がなければ現地に捨ててくるしかないのです。

ほかにも〝枝打ち〟という作業があります。樹木は太陽の光を葉に受けなければなりませんし、隣の樹木の陰になるところに葉があっても効率が悪いので、かつて役に立った枝を払って、上のほうの葉っぱだけを残しておくようにします。これも定期的に行わないと、フシだらけの材木になって価値が下がりますが、残念ながら、現在では枝打ちをしてもそれだけのメリットがないので、枝打ちの作業をする人すら確保できない状況です。人間はボランティアなら無償ですることはできますが、それでは職業としては成り立ちません。ですから、日本の山から出る「端材」を、日本人がどう使うかが森林を守るポイントなのです。

さらに、樹木は枯れたり、台風で倒れたり、虫にやられたりということが起こります。生き物ですから、植えたものが全部回収できるという工業のような感覚では、森林はとらえられません。

こうして、やっと70本だけの木を山から切りとります。これを材木にするのですが、木は断面が円形であるものの、材木のほとんどは角材です。円のものから四角いものをとるのですから、半月状の部分が無駄になります。これは大した面積ではないかと思われるかもしれませんが、理論的に角材部分は63％にしかならず、現実にロスも出ますから、平均して角材になるのは30本、それ以外の40本に相当する木材は捨てることになります（図表1）。

つまり、150本の木が植わっているにもかかわらず、最後に角材として現在とっている量は、その5分の1の30本分にしかすぎないという哀しい状態です。ですから、どうしても残りの5分の4を何かに使わないと森林から80％もゴミが出ることになります。この数値は、国連や日本の森林の機関が発表している数値を著者がまとめたもので、すでに多くのところで使われています。

ところで、木材としては使えない細かい「端材」を使うには、細かい木片を圧縮して、ベニ

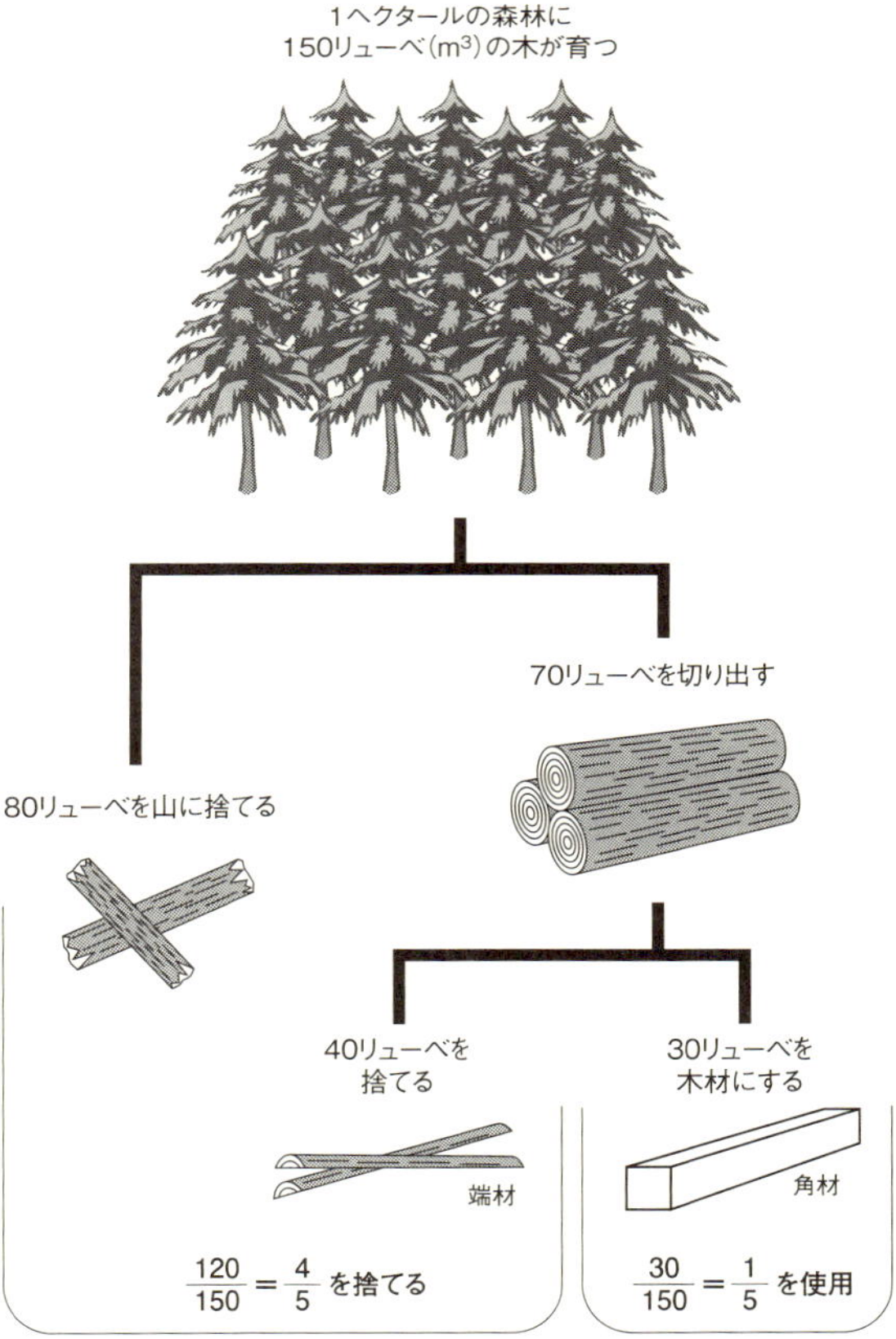

図表1　1ヘクタールあたりの森林利用割合
（参考：国連、日本の森林機関の発表数値より筆者作成）

ヤのような集積材を作ることが第一です。集積材ではさらに、机の天板やキャビネット、お盆等も作ることができますが、細かい木片を樹脂で固めたりするので、かなり品質は落ちます。しかし森林を利用するというのはそういうことです。

特に環境を大切にするためには、「日本の森林は日本人で」と考えるのが第一です。「自分の庭でできた野菜は少しぐらい虫に食われていても」と同じような感覚で、商品価値という点では少し劣っても、積極的に使っていくというのが、本当の意味で「環境に配慮した商品」ということになります。

木片を使ういちばん環境にいいものは、「割り箸」です。割り箸は小さいですから、端材でも、間引きした細い木でも、角材をとった残りのところからも作ることができます。割り箸のように小さい木が利用できる用途がさらに広がってくると、日本の森林は生き返ります。

150本の木を切って、そのうち5分の1をとって5分の4を捨てるとなると、捨てた端材が山に積もり、大雨の時に流木となって川に流れて洪水被害の原因となります。森を活かすには、私たちが毎日生活する部屋のように、きれいに整頓された状態でなければならないのです。割り箸を作って、多くの人がそれを使い、ゴミとして出すことになっても、自治体が焼却炉できれいに燃やすことができるので、最終的にはゴミとして残りません。

国内の森林を荒らし、中国の森林を破壊する逆転現象に

ところが、日本の「割り箸追放運動」というのは、日本の森林をどのように育てるかという視点がないので、どんな用途であれ、なるべく使わないほうがいいという考えのもと、ただ抽象的に「森林を守る」ことになりました。

割り箸追放運動が起きた結果、日本で割り箸を作ることができなくなりました。それで、ロシアで割り箸を作って日本が輸入するようになり、現在は、中国のほうが安いので、日本の商社は中国から割り箸を買うようになったのです。中国は材木にできる樹木をそのまま切って日本向けの割り箸にしています。そこで環境団体が「割り箸は端材からではなく、材木そのものからとっている」と言うようになりましたが、それは、日本の森から出る端材を自分たちが使わないので、外国から買うことになり、外国が採算性を重視して材木になる木を切っているというように、全体が「環境」から遠く離れて曲がってしまった結果です。

つまり、割り箸のように小さなものは、間伐や枝打ちをしたときに出る端材を用いたほうがよいのです。ところが「森林保護より儲け」と考えると、開発途上国で伐採しやすい森林を根こそぎ切りとって製品を作ったほうがいいため、そこから割り箸を日本に運ぶ、逆転現象が起こったのです。

割り箸追放運動をしている多くの方は、環境を守ろう、森林を大切にしよう、という純粋な

気持ちでいると思いますが、この追放運動が、日本の森林も、ロシアや中国の森林も傷めている事実を真正面から見る勇気を持ちたいものです。いつの世でもそうですが、「進化論」を著したダーウィンが「事実を見るには勇気がいる」と言っています。「こうなりたい」という思いで行動していることと、実際に起こっている事実が違うとき、どうしても自分の意見に心地よいほうを選んでしまうのです。

ところで、もともと日本は、世界の先進国の中でも、森林の占有率が最も多い国の一つで、国土面積の68％を占めています。このような国は、スウェーデンとフィンランドと日本だけで、ほかの国はもっと森林が少ないのです。その中で、飛び抜けて森林利用率が低いのが日本です。そして、日本は端材を使わず、紙もリサイクルしているので、さらに森林の利用率が下がっています。

森林の利用について少し国際的に考えてみましょう。

北欧木材協議会がスウェーデンの森林利用状態を数年前に発表しましたが、その内容は、世界の人が有効に森林を使わなくなったため、計画的に植え、計画的に利用できる森林が一年に9500万m³生育するのに、その一部を捨てているというものでした。

木というのは、太陽の光で自然に生育します。庭の木でわかるように、知らないうちに枝が伸びて木が太くなりますから、それを利用していって初めて持続性のエネルギーとしての森林の価値が出ます。ところが、スウェーデンで利用された木材は７０００万㎥にしかすぎず、差し引きの２５００万㎥、約26％を捨てているのです。せっかく太陽のエネルギーを利用してできる計画的な森林を、石油を使って多くの人がリサイクルするので、育った樹木を捨てているのが現実です。

ここで各国の具体的な数字を見ていきましょう。

日本は森林面積が約２４００万haあり、国土に占める割合は68％です（図表２）。これに対して、アメリカは桁違いです。森林面積が約３億ha、日本の12・５倍あります。ただし、国土に占める割合は33％です。ドイツは非常に森林の利用が盛んですけれども、森林面積は日本の約半分の１１００万haで、国土に占める割合は、32％にしかすぎません。森林王国で有名なノルウェーですら、森林面積が国土に占める割合は31％です。

このように、日本は全体から見て、まあまあの森林面積を持ち、森林の占める割合は非常に高いわけですから、もっと積極的に森林を使っていく必要があります。

では、一人当たり森林をどのくらい使っているかといいますと、日本での一人当たり森林消費量は０・８９㎥です（図表３）。これは、たとえば中国の０・１１から見ればずいぶん多いですし、ロシアの０・３１の約３倍あります。ドイツは約０・８で日本と同じくらいです。つまり、日本は自分の国の森林の利用度が低いのに、一人当たりの森林消費量は多いのです。

地域	国	森林面積(1万ha)	国土に占める割合(%)
アジア	日本	2,487	68.2
	インド	6,770	22.8
	インドネシア	8,850	48.8
	中国	19,729	21.2
アメリカ	アメリカ合衆国	30,309	33.1
	カナダ	31,013	33.6
	アルゼンチン	3,302	12.1
	ブラジル	47,770	57.2
ヨーロッパ	イタリア	998	33.9
	スウェーデン	2,753	66.9
	ドイツ	1,108	31.7
	ノルウェー	939	30.7
	フィンランド	2,250	73.9
	フランス	1,555	28.3
	ロシア	80,879	47.9
オセアニア	オーストラリア	16,368	21.3
	ニュージーランド	831	31.0

図表2　各国の森林面積と国土に占める割合

(参考：Food and Agriculture Organization:Global Forest Resources Assessment 2005)

国名	消費量(百万m³)	生産量(百万m³)	比率(生産量/消費量)	1人あたり消費量(m³/人)
米国	466.3	408.9	0.86	1.75
中国	122.2	93.5	0.77	0.11
日本	111.9	22.9	0.21	0.89
ドイツ	64.9	35.2	0.55	0.79
ブラジル	48.8	84.5	1.73	0.31
ロシア	46.4	82.8	1.78	0.31
カナダ	42.5	183.1	4.31	1.44
インド	38.4	24.9	0.65	0.04
フランス	37.6	36.6	0.89	0.65
イギリス	35.7	7.4	0.21	0.61
インドネシア	23.2	34.7	1.49	0.12
オーストラリア	15.1	19.6	1.31	0.85
スウェーデン	14.2	59.8	4.21	1.62
フィンランド	9.4	46.1	4.92	1.84
ニュージーランド	6.8	16.9	2.49	1.91
アルゼンチン	6.2	6.9	1.11	0.18
ノルウェー	5.7	8.6	1.51	1.32

図表3　各国の一人あたり森林消費量

(参考：FAO「世界森林白書」などより)

日本の森林利用の未来

このように考えてくると、日本の森林をこれからどのように利用すればよいかが見えてきます。

まず、国内での森林利用率を増やすこと——無意味な紙のリサイクルをやめ、国内で作った割り箸を使い、割り箸以外の端材の上手な利用法を考えることです。

また、日本の地形や人工林、天然林のことを視野に入れ、今より合理的な森全体の利用法を考える必要があります。戦後、日本は人工林を増やし、そこにすぐ育つスギを植えました。それが成長して今では利用もされず、ただ花粉を大量に放出して、花粉症で苦しむ人を増やしているという状態です。現在、人工林と天然林の割合は、ほぼ同じ50％ずつで、天然林にはクヌギなどの広葉樹が多くなっています。

日本は急峻《きゅうしゅん》な地形が多いため樹木を切り出しにくいので、そういった場所にあるスギは切って紙の原料として使い、伐採したところは広葉樹を中心とした自然林に変えていくといいでしょう。ドングリなどが実りますから、リスなどの小動物も増え、環境は改善します。一方、樹木を切り出しやすい地形のところは、人工林であってもヒノキを植えるようにすれば、スギの花粉に困ることもありません。

このような総合的なことができないのは、日本政府自体が政策を立案する力が弱いことと、日本独特の「行政の縦割り」があります。花粉症は厚生労働省、森林利用は農林水産省、そして「花粉症は環境問題ではない」などといって、「環境」というものの取り組む範囲を狭めていることが原因になっています。

これからは、一つのことだけに注目するのではなく、森林の利用の仕方、育て方など、全体のバランスを考えていかなければならないと思います。

検証三　ペットボトルより水道水を飲む

判定 ⬅ 悩ましい

飲む水くらいの量なら
ペットボトルでも問題ない
と考えられます。

問題は二つ。「ガソリンで運んでくる水」か「全体の使用量」か

この節は著者自身も少し迷っています。水道の使用量を大幅に減らすのが環境によいのか、それとも、安全や健康、より快適な生活を求める人々が多い現状を認めて、飲み水はペットボトルにしたほうがよいのか、迷うところです。読者の皆さんとよく考えてみたいと思います。

日本は世界で唯一の「北半球にある温帯の大きな島国」で、しかも中央に山脈が続いています。そこで、周辺の海から水が蒸発し、中央の山脈に衝突して雨を降らせます。シベリアなどでは蒸発量が少ないですし、降るものは雪なので違うのですが、日本のような温帯の地域では、海からの蒸発量が多く、きれいな水が雨となって山の頂に降りそそぎます。山頂の水がせせらぎとなって流れ、やがて太い川となり、河畔の緑を育て、魚も育てます。そして人間がその一部をいただいて水道の水になるわけです。

世界で水道の水が飲めるのは7カ国ほどなのですが、日本はそのうちの1カ国ですから、大

変すばらしい自然に恵まれているといえるでしょう。井戸から水道に変わってから、日本人は「水を飲む」といえば水道の水を飲むのが当たり前でした。しかし所得が上がり、贅沢になると、「水道水も飲めるんだけど、少しカルキ臭いからペットボトルの水を飲む」といって、おいしい水を求める人が増えてきました。かくいう著者も、現実にはペットボトルの水やお茶のほうを多く飲んでいる気もします。

何となくもったいないような気分です。

水道は配管ですでに各家庭に来ていて、蛇口さえひねれば十分な水を飲むことができます。水道や下水道の施設を有効に活かすためには、おそらくそれが断然よいでしょう。それに比べれば、ペットボトルの水は、日本のどこか、時には遠くヨーロッパのアルプスの水を詰めて延々、運搬してきます。なにしろ「水」を「ガソリン」で運ぶのですから、水が高くなるのは当然で、一時は、ガソリンが1リットル100円なのに、水はその半分の500ミリリットルで130円という状態になりました。

だから環境のためには水道の水を飲んだほうがよいと書きたいのですが、それも少し問題があるのです。水の使用量は、飲み水以外のところで増えているからです。

この数十年、日本の社会は大きく変化しました。所得や家の大きさが変わったばかりでなく、人口が都市に集中してきました。東京はもちろん、北海道や鹿児島県では県内の人口の3分の

1が県庁所在地付近に住んでいる時代なので、井戸を利用することも少なくなり、ほとんどの人が、水道からの水を使って暮らすようになりました。

まだ井戸水から水道に変わったばかりのころ、日本人がどのくらい水を使っていたかというと、一人当たり一日20リットルくらいでした。お風呂もときどきしか沸かしませんでしたし、水洗トイレはなかったからです。ところが、どんどん水の使用量が増え、現在では一人当たり1日300リットルの水を使っています（図表4）。数字だけではピンとこないかもしれませんが、500ミリリットル入りのペットボトルに入れると、600本分という大量の水です。これを一人一日使うのです。

どうしてこんなに大量に使うようになったかというと、いちばんの原因は水洗トイレです（図表5）。水洗トイレで使う水は、全体の使用量の28％。水洗トイレは私たちに快適な生活を与えてくれますが、水を膨大に使います。しかし、私たちは再び、昔の汲み取り式便所には戻れませんから、「どうしても必要な水」ということになるでしょう。最近では、二度流しを防ぐための消音機能がついているトイレや、最小限の水の使用量ですむ吸い込み方式のトイレなどが出てきましたが、それらで節水できる水はそれほど多くありません。

次がお風呂です。お風呂は一日に使う量の約4分の1です。毎日、シャワーやお風呂に入り、若い人は朝シャンもしてから出かけたりしますが、これも、清潔で気持ちのよい生活のために

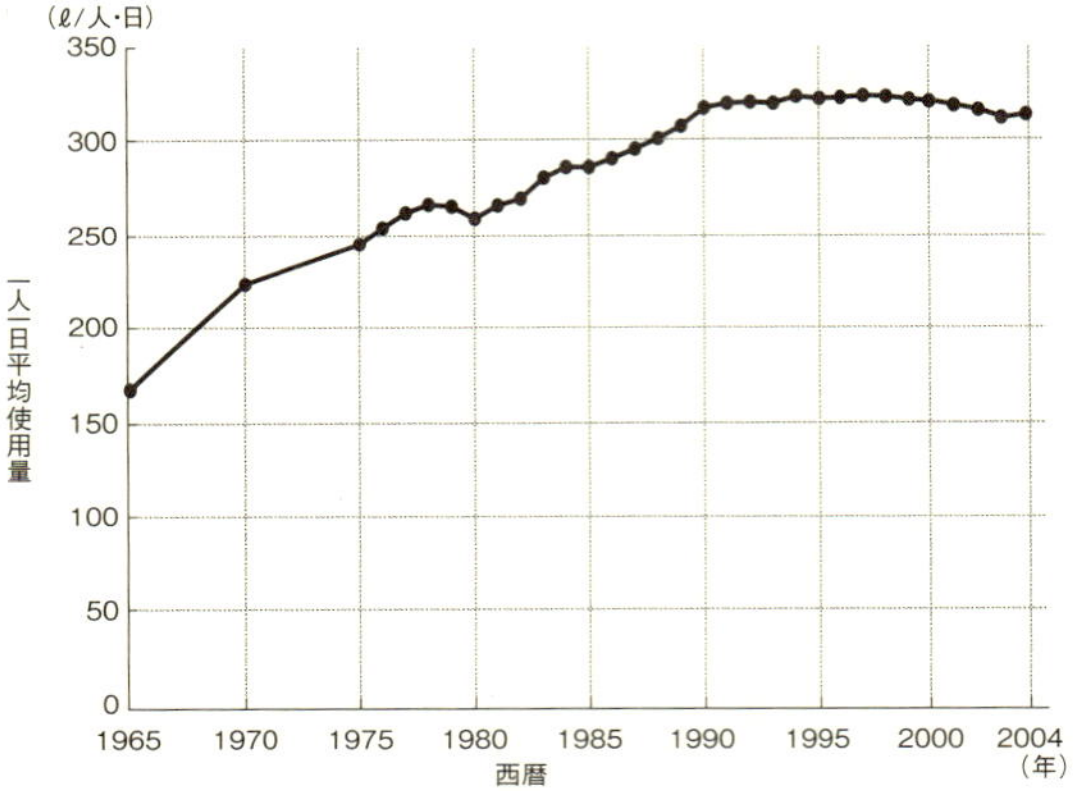

（注）1. 1975年以降は国土交通省水資源部調べ
2. 1965年及び1970年の値については、厚生労働省「水道統計」による

図表4　生活用水使用量の推移

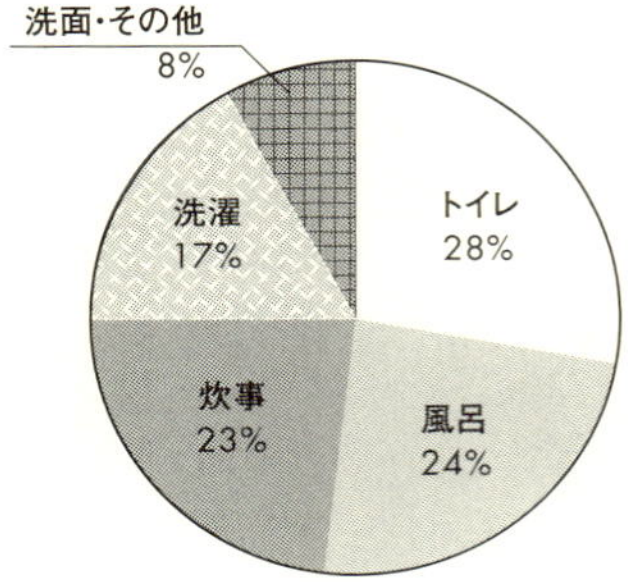

図表5　家庭用水の内訳
（参考：東京都水道局調べ（2002年）国土交通省ＨＰ「水の利用状況」より抜粋）

は必要かもしれません。

３番目が炊事です。とても意外なことですが、最近、炊事に使われる水の量が増えて、トイレや風呂と同じくらいの約4分の1を占めるようになりました。これは自動食器洗浄器の普及や、油ものの料理が多くなって、使う水の量が増えたことが原因です。さらに、洗濯は洗濯機になって現在約20％、つまり全体の5分の1ぐらいを使っています。生活感覚からいうと、洗濯のほうが炊事の水より多いように思いますが、洗濯は毎日とはかぎりませんし、一度に水を使うので何となく多く感じるのでしょう。

ともかく、水道の水は、トイレ、風呂、炊事、洗濯でほとんど使っていて、それが一日一人当たり３００リットルになるということです。これに対して、飲む水はわずか1〜2リットルです。現在、その1〜2リットルの水を飲むために、３００リットルのきれいな水を、水道水で用意していることになります。本来、２９８リットルの水は飲まないのですから、「おいしい水」にはしなくてよいのです。

ですから、日本のように水を多く使うところは、トイレ、風呂、炊事、洗濯用は飲めるほどにはきれいにせず、飲む水は一日に2リットル分のペットボトルを買うほうが、実は合理的だという考えもあります。

家庭や学校でしている節水はほとんど意味がない

もしも環境を守るということが、水の使用量を減らすということなら、トイレ、風呂、炊事、洗濯の水を少なくする必要があります。それはたとえば、水洗トイレのタンクにペットボトルを入れて節水するとか、歯を磨くときに水を出しっぱなしにしないというようなちょっとしたことではなく、日本人全員が水洗トイレをやめる、風呂は一週間に一度だけにする、炊事にほとんど水を使わない、という行動が必要になります。

しかし、せっかく私たちが獲得した快適な生活ですから、水洗トイレも洗濯機も使いたいというのは普通の考え方でしょう。

それに、日本では自然の恩恵で、水は度がすぎなければ、たっぷり使える環境にあります。森林に生育する樹木のように、自然の中にできるものは、作られる量を使うことが大切です。それは石油のように蓄積された「貯金」とは違って、毎月の「給料」のようなものであり、それも、貯金ができないお金のようなものだからです。山の上に降って下流に流れた水の一部を使い、水洗トイレや洗濯機などで生活を清潔にすることは、自然の有効な利用方法ですし、健全な行動です。

あまりに水を倹約することは、せっかく山に降った水を利用しないことを意味します。ただ、現在のように、すべての水を飲んでもおいしいようにして、トイレや風呂にも使うのは、少し贅沢なのです。日本の水道が世界一であるということは、それを維持するのに膨大なエネルギーや設備を使っているということになるので、考えなければなりません。

「環境問題の錯覚」をテーマにしているこの本で、「飲み水」を取り上げて、はっきりした結論を出さなかったのには理由があります。

私たちがこれから「環境にやさしい生活」を設計していくときには、一つひとつのものを見て、「ペットボトルを使うのは贅沢だ」などと短絡的で部分的なことを考えるのではなく、日本全体のことを考えて、私たちの日常生活を見つめ直す必要があります。そうすると、水であれば、日本は温帯の島国で、山脈があって、どのくらいの水が自然から与えられているのか、自然の恵みだけでできるだけ生活を快適にしようとすると、水道はもう少しレベルを下げてもよいのではないか、など複数の答えが得られるのです。その中から、私たちがじっくりと考え、適当な道を選択していくことでしょう。

もう一つ、付け加えたいと思います。私たちは「もったいない」と言って水道の蛇口をこまめに止めたりします。そのような行動は「家計を守る」という点では大切なのですが、実は環境という意味ではあまり役に立ちません。がっかりされる方もおられると思いますが、それが事実なのです。もし環境が大切と思われたら、自己満足だけではなく、本当に環境によいことをしなければならないのです。

前述のように、一日300リットルという家庭で使う水の量を、環境に影響があるぐらい減らそうとすると、水洗トイレ、内風呂（家の中に風呂があること）、洗濯機の使用のどれかを止めなければなりません。

現代の日本の環境問題は、国民一人一人が贅沢をしたり無駄な生活をしているところに問題があるのではありません。日本人は世界でも極めて節約した生活を送っていて、たとえば、国連の世界統計や日本エネルギー経済研究所などが算出したデータによると、国民総生産当たりの資源やエネルギーの消費量は、世界で最も少なく、とても優れています。一つひとつの行動――たとえば水洗トイレで水を無駄に使っているかといったこと――を見ても、必要最小限だけしか消費していないのです。

ですから、これ以上、節約しようとすると、お風呂に週一度しか入らないとか水洗トイレを使わないというように、生活の質を落とすことになります。日本の環境問題への意識が高まり、かなり長い間、節約や節水といった行動をしているにもかかわらず、なかなか成果が上がらないのは、私たちが求めてきた快適な現代生活と、頭で思い描く環境問題の解決が、同時に手に入れられると、錯覚しているからに他なりません。

そもそも現代の日本の環境問題の根源は、日本人の生活が効率と生産を重視して、快適な生活環境を作ったところに始まります。道路はほとんどが舗装されましたが、もちろん舗装しないほうが土から水も蒸発し、ミミズも土の中で生活ができますから、自然に対してよいのに決まっています。でも日本人にとっては、乾燥した日に自動車が通れば砂埃が上がり、雨が激しく降れば水たまりができて泥を跳ね上げる道路より、舗装されていたほうがよいので、大量の石油を使って舗装をしたのです。舗装をすれば、快適な生活は送れます。しかしその代わり、微生物も含めた自然の循環を失い、都市ではヒートアイランド現象が起こるのです。

水洗トイレも同じで、昔のような衛生的ではないトイレを使えば、水はほとんど使いません。でも衛生環境は悪くなるでしょう。だから水洗トイレを使って水を節約するのだといっても、そのような努力、「もったいない」という思いから出る行動と、水洗トイレがなかったときの行動がもたらす結果は、桁が違うことを知らなければなりません。

生活に使う水の問題は、日本列島が温帯の島国にあって中央に山脈があり、その恵みを受けることができるものの一つです。私たちは、形式的な意味での「環境」を守るために水洗トイレをやめるべきか、あるいは水洗トイレを使えることそのものがよい「環境」なのかを、よくよく考えてみる必要がありそうです。

検証四 ハウス野菜、養殖魚を買わない

判定 ⬅ ただのエゴ

環境のために
おおいにハウス野菜や
養殖の魚を食べましょう。

農業や漁業を支えるという視点のほうが大事

この結論には読者の方は少し驚かれると思いますが、前節の水のことでも整理をしたように、私たちの環境に対する考え方も、少しずつ進歩をしていかなければならないでしょう。

まず、話をわかりやすくするために、①トマトを露地だけで育てて収穫する場合、②トマトが採れる季節に育てるけれどハウスを使って成長を早める場合、そして、③季節はずれにトマトを採る場合、の三つについて比較をしてみます。比較するものは環境を考えて、育てるときに使うエネルギーとします。

まず、昔からやっていた方法、つまり日本の温暖な気候と四季の移り変わりを利用して、トマトを栽培するのに最も適した時期に植えつけて、いちばんよい時期に収穫する場合です。この場合は、若干の肥料や農薬は使いますが、基本的には、太陽と土の恵みでできるので、ほとんどエネルギーは使いません。おおよそ、トマトを育てて収穫するまでに、１キログラム当た

り200キロカロリー使います。石油というのは、1キログラムあたり約1万キロカロリーの熱を出しますから、その50分の1で収穫できるということです（図表6）。

次に、日本の四季を利用して栽培に適当な時期を選んで植えつけるけれど、色合いもよく、収穫量も多くしたいというときは、ハウスの中で育てることになります。そうすると、商品価値は上がりますが、ハウスを作ったり管理したり、その中で使うさまざまな工業製品を更新したりしなければなりません。また、成長を早くするために肥料も多く使います。科学技術庁が計算した値を使いますと、このような栽培方法の場合、施設などに約4割のエネルギーを使うので、全体としては、収穫されるトマト1キログラム当たり1200キロカロリーのエネルギーを使うとされています。石油が1キログラム1万キロカロリー程度ですから、その約8分の1を消費することになります。

ハウスも作らず、単に露地で栽培すれば石油を50分の1しか使わなくてよいのに、ハウスを使うだけでその6倍もの石油を使うのはもったいない、と思う人もおられるでしょう。しかし、経済的な面からみれば、それほど問題にはなりません。

つい最近まで、ガソリンは1リットル100円程度、普通の燃料として使う油は、1リットル50円ぐらいでした。これほどエネルギーが安いと、少しぐらい多くのエネルギーを使っても、それで収穫されるトマトの商品価値が若干でも高くなれば、「元が取れる」ことになります。

育て方	投入エネルギー（1kg当たり）	
	kcalで	円で
①露地だけで育てる 	200 kcal	1 円
②旬の時期にハウス栽培 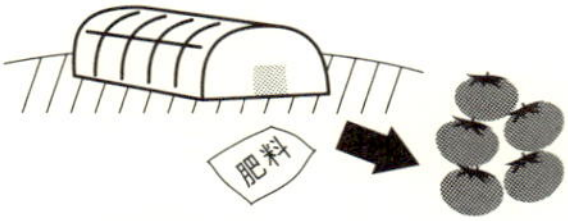	1,200 kcal	6 円
③季節はずれにハウス栽培 	12,000 kcal	60円

（※石油は1ℓ＝50円で計算）

図表6　トマトの育て方の違いによるエネルギー比較
（参考：A.F.F.Boys「日本における農業とエネルギー」, Ecology Symphony（山田国廣監修）

見栄えのいい立派なトマトは、おおよそ1個200グラムぐらいですから、トマト5個で1キログラムです。それが旬の時には500円程度で売られますから、トマト1キロを作るのに、キログラム（1リットル）50円の油を1200キロカロリー使っても、わずかに6円にしかなりません。つまり、露地で栽培するより生育も早く、害虫や病気も管理しやすく、しかも見かけもよいということになると、ハウスで作ろうと考えるのが自然なことがわかります。

ところが三つ目の例、季節はずれのトマトを作ろうとすると、燃料費が膨大に必要になりますし、ハウスの管理も大変です。たとえば、冬に立派なトマトを出荷しようとすると、燃料だけで1万キロカロリーを使い、全部で1万2000キロカロリーと、旬の際、ハウスで作るときのエネルギー消費の10倍、露地で作るときの実に60倍ということになります。

それでも、使う油の値段は60円。値段は1キロ500円だったものが、約1・5倍の750円ぐらいで売られますので、値段の差は250円ということになります。もちろん、農家からは小売りの値段では出荷できませんが、末端価格が250円上がれば、そこに石油を60円よけいにかけることは十分にできることになります。

もともと、トマトを露地で作り、人件費もほとんど考えないとすると、油は50分の1、つまり1円しか使わないのですから、トマトもキログラム数円で売れるはずです。かつて日本の工業が発達していないときには、農業もそれに合わせて収入が低かったので、露地物のトマトを安く買う人が多かったのですが、現在のように一カ月の収入が30万円を超えるようになると、トマトを3個買って300円から500円払っても、格別、問題ではなくなるからです。

ハウスものや季節はずれの野菜がもてはやされる理由は、工業が発達して日本人の所得が上がり、その割には石油の値段が上がっていないということにあります。サラリーマンや工場で働く人の収入が高いのに、農家の人は貧乏でよいということにはなりません。サラリーマンの給与が上がれば、かつて10円のトマトを買っていた人が100円のトマトを買うようになり、それに合わせて商品価値を上げるために、農家もハウスで栽培したり、一年中、いつでもトマトを作るようになります。

かくして、石油が安いこともあって、ハウス栽培や季節はずれの野菜が出回るようになっているのです。

付加価値をつけるとエネルギー消費は上がる

農家ががんばって変化しているのと同じく、漁業も、高い食料品を買うサラリーマンに合わせて変わっていきます。

たとえば、サンマは秋になると北の海から大量に南下してきます。それを出漁したサンマ漁船が迎え撃って、サンマを一網打尽にするわけですが、この方法でも陸地と違って、漁船を作り、網を整備し、油をたっぷりと積まないと、漁場に行ってサンマを捕ることができません。ですから、トマトと違って使うエネルギーは桁違いで、迎え撃つサンマ漁でも、サンマ1キログラムをとるときに必要なエネルギーは、2400キロカロリーと計算されています。

つまり、露地物のトマトに比べると12倍、ハウスもののトマトの2倍の石油を使うことになります。感覚的にも、野菜より魚のほうが少し高い感じがしますが、それは「海に出て、水の中で魚を捕る」ことは、陸上に住む人間にとって、なかなか大変ということがわかります。

さらに遠洋漁業になると、漁場に行くまでにかなりの油を使いますし、遠くから新鮮な魚を運ぶには、冷凍設備がどうしても必要になります。私たちが船で外国に行くのにかなりの旅費がいることを考えても、遠洋漁業になると、使うエネルギーはさらに高いことが想像できます。

ハウスものの野菜と同じように、魚を効率的に捕獲しようとすると、計画的に養殖をすることになりますが、エサや囲い、病気が蔓延しないように管理するために、あの広い海を使うのですから大変です。

サンマ漁の場合は、いわば「勝手に育った」サンマをただ捕りに行くだけですが、養殖では、最初から全部面倒をみるようなものです。計算してみると、ハマチの養殖でキログラム3万キロカロリーですから、季節もののサンマの12・5倍、季節はずれのトマトの2・5倍程度の石油を使うことになります。

日本が高度成長期を迎えたころ、養殖の魚がよく出回ってきました。エネルギーだけの比例計算では、天然のサンマより12・5倍もかかるので、かなり高かったのですが、高度成長の時代、サラリーマンの購買力は5倍程度に上がりましたから、少し高いなと思っても養殖ハマチを食べることができたのです。さらに最近では、養殖ものというと品質が悪いことを意味するようになり、遠くに行って少ししか捕れない天然ものがもてはやされるようになります。

天然ものは、養殖ものと比較するとさらにエネルギーを多く使うのですが、養殖のように、運動不足で抗生物質などを与えていることもないので、安心して食べることができます。つまり、最も貧乏なときがサンマ、少し裕福になると養殖ハマチ、そしてさらに贅沢になると天然もののフグを食べたりするようになるのです。

左は、少し専門的なグラフですが、戦後の１９５０年から、高度成長が終わってしばらくたった１９８０年まで、30年間の日本の賃金水準を表しています（図表7）。グラフの上の線を見ると、日本人の賃金は1年で10％ずつ上がっているのがわかります。１年に10％というと、30年で約17倍にもなるのですから、月2万円の給料の人が、月収34万円になったことを意味しています。ということは、同じ魚でも、50円のサンマから８５０円の養殖ハマチが買えるようになる、そうなると、少しエネルギーを使っても高く売れるものを売って、漁師も収入を上げようとするのはよくわかります。

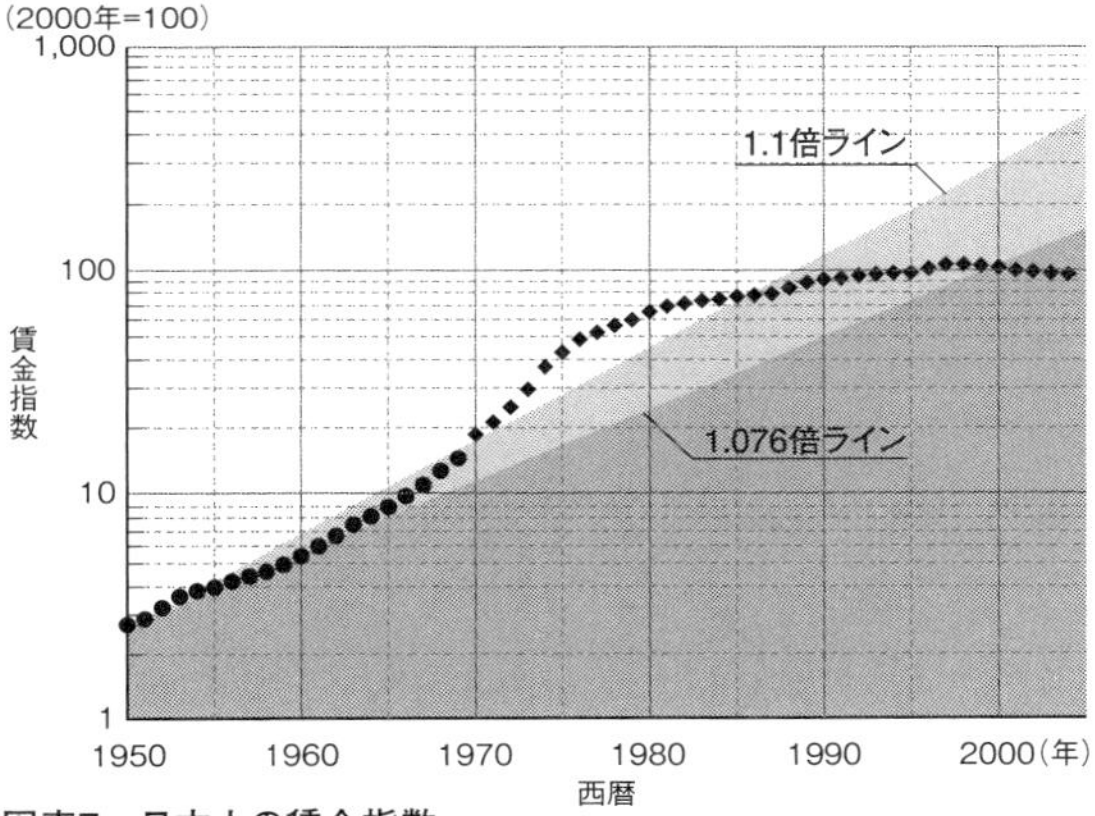

図表7　日本人の賃金指数

(注)1970年まではデータ不足のため製造業、以後は全産業
(出所：武田邦彦HP「誰でも儲かるお金の話 データ編(3)」)

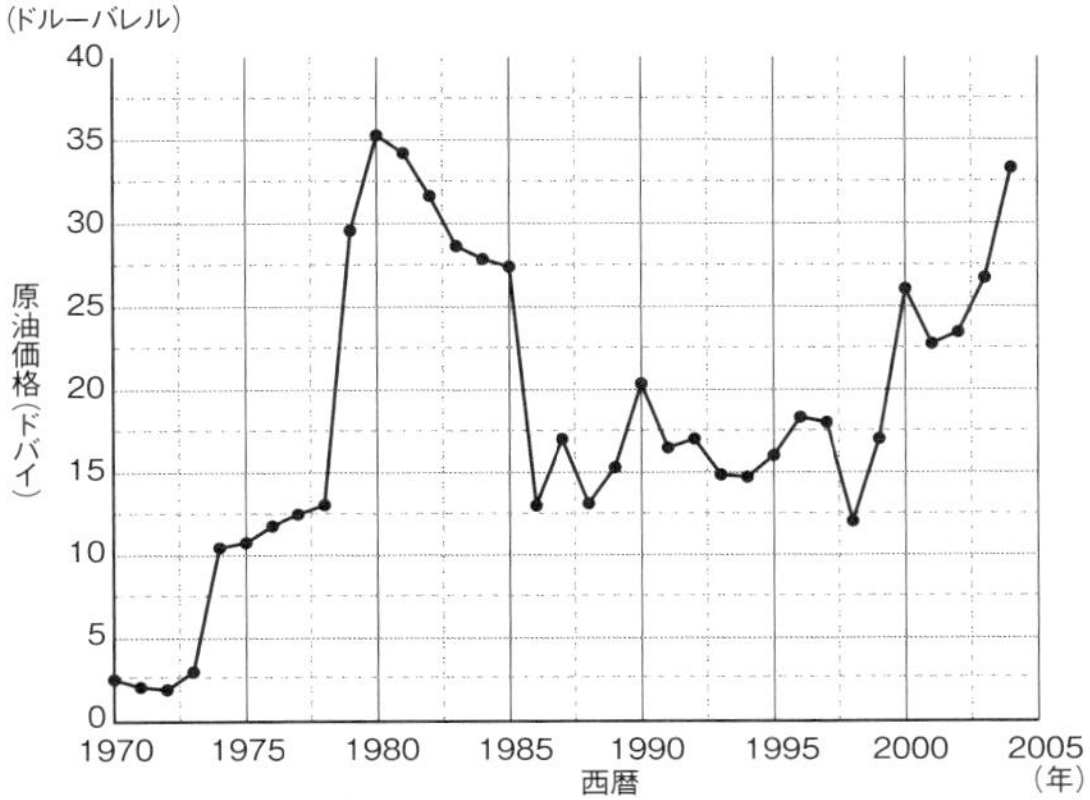

図表8　原油価格の変化

(参考：BP Global HP, BP Statistical Review of World Energy, Downloads, Statistical Review 2005, p14 (2005))

なお、1980年からは日本の経済成長が停滞し、1年に平均して4・3%程度しか上がっていません。計算すると、2007年までの27年間に3・1倍になっています。でも、戦後の生活からみると、サラリーマンの賃金は、17倍の3・1倍ですから53倍も上がっているわけです。それに対して人間の食べる量はどんなに贅沢しても53倍もなりませんから、それに伴って、農業も漁業も高いものを売らなければならないことになります。

ちなみに、この間の石油の価格をみると、戦後ずっと1バレル2ドル時代が続き、石油ショックの後は20ドル前後で安定していたこともあって、戦後60年の間に15倍程度しか上がっていません（図表8）。賃金が53倍になり、石油が15倍ですから、相対的にみると石油の価格は3分の1から4分の1ぐらいになったことを意味しています。

第一次産業に対するお門違いの〝環境問題〟

よく「環境を守るためにハウスものの野菜は控えよう」とか、「養殖は環境を汚す」などと言われます。一方では、日本の農業や漁業はすっかり衰退して、いわゆる一次産業の出荷額、つまり一次産業の人の懐に入るお金は、1年間に10兆円を切ってしまいました。その反面、大衆娯楽として人気のあるパチンコの売り上げが30兆円を超えたのはすでに10年ほど前です。

人間の生き方や価値観はさまざまですから、何がよい、何が悪いということはないのですが、農業や漁業は私たちの命を支えるもので娯楽より大切としますと、パチンコに30兆円かけているなら、それと同じぐらい、農業や漁業にもお金をつぎ込み、よりよい食事を楽しんで生活するのも環境によいことかもしれません。一人当たりの食糧の消費量はそれほど変わりませんから、もっと石油やさまざまな設備を使って、体によいものやおいしいものを作り、それをサラリーマンが買えば、農家や漁師の人の収入ももっと増えます。そうなっていたら、現在のように農業に携わる人の50％以上が65歳以上という老齢化産業にはならなかったでしょう。

日本のように、30年間という短期間で大きく経済が変化し、生活が変わったような国では、給料を上げるために使った努力を、どこでどういう形で報いるかで問題が起こるのです。

たとえば、かつて日本の住宅にはお風呂がなく、共同の風呂か銭湯を使っていました。銭湯に行けば、みんなで一つの風呂を利用するのですから、エネルギーが少なくすみます。銭湯では一人当たり２００キロカロリーですみますが、家でお風呂に入ると一人当たり３０００キロカロリーもかかります。ちょうど、露地もの野菜とハウスものの差のようなものです。

でも、その代わり、冬の寒いときでも洗面器に石けんを入れ、タオルを肩にかけて夜道を歩きました。どんなに寒いときでも風が冷たく吹くときでも、どうしてもお風呂に入りたいときは銭湯まで行かなければならなかったのです。そして、風呂から上がってくると帰りの夜道で洗った髪が風に吹かれ、それは冷たかったものです。高血圧の人は危険を冒して銭湯に行かなければならない、そんな時代だったのです。

それがいわゆる内風呂になって、どんなに夜遅く帰っても暖かい家の中でお風呂にゆっくりつかることができるようになりました。給料が53倍にもなったのに、エネルギーが15倍かかるから快適な生活を我慢するということになると、いったい、高い給料をなぜもらうのか、給料を上げるためになぜがんばるのかわからなくなります。

ハウスものの野菜、養殖の魚についての言及はその一つの象徴であり、かつ日本の農業や漁業がこれほど衰退したのは、日本人が給料の上がった分だけ、娯楽や家、そして自動車などにお金を使い、食べ物を相対的には軽視した結果ともいえます。

また、最近、自分の食べているものがどのくらい遠くからきているかを計算した「フードマイレージ（食べ物の量×それを運ぶ距離）」なる言葉を見かけます。これは確かに一つのエコの指標にはなりますが、単に「近くで採れるものを食べよう」と言えばいいだけの話であり、健康面からしても日本人には国産のものが合っています。疑り深くなりたくはないのですが、意味がよくわからない英語を使ってそれを計算し、商売にしようとたくらんでいる人たちの意図もちらつきますし、食べ物はそのような「数字」で選ぶものでもありませんから、エコ、エコと躍起にならず、自然の恵みを感謝していただけばよいと私は思います。

検証五 石油をやめバイオエタノールに
判定 ただのエゴ

現在の国際情勢のまま推進すると、世界中で多くの人が餓死するでしょう。

飢えた人でなく自動車に食料をくべる不思議

２００７年3月9日、米ブッシュ大統領とブラジルのダシルバ大統領が会談しました。ブラジルはサトウキビからバイオエタノールを作って、それで自動車を走らせる、アメリカはトウモロコシからやはりバイオエタノールを作って、それで自動車を走らせる、それで、今自動車で使っているガソリンを20％削減しようということで合意しました。

そしてアメリカでは今まで食料として使っていたトウモロコシやオレンジ、コムギの畑を燃料用のトウモロコシ畑に切り替えました。日本でいえば九州全域に当たる広大な面積が、バイオエタノール用のトウモロコシ畑に変わったのです。その影響は直ちに現れて、小麦粉の不足で讃岐うどんの値段が上がり、続いてオレンジジュース、マヨネーズと、２００７年の春の異変が起こったのです。

この勢いはどんどん増すでしょう。これを支援して進めているのが環境団体で、アメリカでは、石油業界も農業関係者も賛成しています。

環境団体がバイオエタノールを支持するのは、石油は自動車の燃料に使うと二酸化炭素が出て地球の温暖化につながるけれども、トウモロコシやサトウキビは、太陽の光でできるので、そこから作ったエタノールを燃料にして自動車を走らせても二酸化炭素は出ない、と考えているからです。それを「カーボン・ニュートラル」と呼び、食料から自動車燃料への転換を推し進めているのです。

しかし、ここには大きな錯覚があります。

まず、これまで人類の歴史上、「食べ物を燃料にする」時代はありませんでした。たとえば、みなさんが、「今日はどのくらいご飯を食べるかわからないけど、とりあえずお米を5合炊こう」と考えて5合炊いたとします。実際は1合分しか食べなかったとしても、「残ったお米をストーブにくべよう」といって暖をとるようなことは、かつてありませんでしたし、今でもそんなことはありません。

これはヨーロッパでも同じです。お金持ちがパンをごっそり買い占めて、二つか三つ食べて、お腹がいっぱいになったとします。その日は寒いからといって、残りのパンを暖炉にくべるということもありませんでした。人間にとって、食料を大切に扱うことは基本的な倫理だったのです。

いま自動車燃料にするというサトウキビにしても、トウモロコシにしても、食べられますし、おいしいものです。それをエタノールにして自動車の燃料にするということは、コムギをパンにし、暖炉にくべることとまったく同じです。このことが「地球温暖化」という、人々が心配していることとからめて一気に推し進められるのですから、奇妙な世界になったものです。

もう一つは、世界には飢えた人がいるということです。地球上には65億人くらいの人々がいますが、穀類の生産高は年間20億トンですから、一人当たりほぼ300キログラム、この量は、人間が飢えないで生きていける量です。しかし、現在はグローバリゼーションが進んでいるので、食料は十分にあるのですが、平等には行き渡らずにまずお金持ちにいきます。その結果、貧しい国の約8億人の人々が飢えています。中でも悲惨なのは、1500万人の人たち――1500人ではなく、その多くは子どもと言われる1500〝万人〟が毎年、餓死しているのです。食料があるのに貧しいので餓死するのです。

かつて、食べ物は、お金で多少の売り買いはするにしても、基本的には村の人たちが分けあって食べていました。ある人が通常の3倍も4倍も食べ物を買って、食べられない分を捨て、同じ村の隣の人が餓死するということはあり得なかったのですが、現在はそれと似たことが起こっています。私たち日本人は食料の6割を輸入し、ほぼその半分の3割を捨てていると言われます。

続いて第三の問題点を指摘したいと思います。

現在、飢えている人が約8億人、自動車を運転している人が約8億人います。トウモロコシを作ったときに、そのトウモロコシを飢えた人に渡すか、運転している人に渡すかというとき、本来であれば飢えている人に渡すのが当然なのですが、実際はすべて運転している人にいくでしょう。飢えている人がなぜ飢えているかというと、お金がないからです。それに対して、自動車を運転している人はお金を持っています。ですから、どんなに飢えた人がいても、食料はお金を持っているドライバーが買い、自動車が食べることになるのです。

ブッシュ大統領が提案したバイオエタノールの推進は、裏で石油団体と農業団体がつながっています。特に農業団体にとってみれば、これまでトウモロコシを作っていても価格が不安定だったのですが、これからは、ガソリンの値段が上がればガソリン用にまわせばいいですし、食料の値段が上がってくれば食料として出荷するということで、大変都合がいいのです。

現在、ガソリンの値段は150円を突破しています。そうなると、食料は燃料に流れます。燃料が倍になったら食料が燃料に流れ、その食料を取り返そうとすると、それ以上の値段を払わなければなりません。さらに悪いことには、自動車の燃料を買う人はお金持ちなので、少しぐらい食料の値段が上がっても基本的には購入します。すると、ますます貧しい人が食料を買えなくなるのです。ですから、バイオエタノールが環境にいいかというと、明確にNO！と言えます。温暖化も怖いと言えば怖いのですが、餓死は直接的に人の命を奪うからです。

バイオエタノールは本当にクリーンなエネルギーなのか

さて「カーボン・ニュートラル」という点ではどうでしょうか。

カーボン・ニュートラルという難しい言葉は、京都議定書をきっかけにして知られてきた用語です。植物は、空気中の二酸化炭素と土の中の水、それに太陽の光で光合成を行って自分の体を作ります。自然のままに生えている樹木を人の手で切り取って、それを燃やせば、石油などの化石燃料をほとんど使わずにエネルギーを取り出せます。その際、樹木の中に閉じこめられていた炭素は、燃えるときに酸素と結合して再び二酸化炭素になります。つまり、自然の状態で生育している樹木を燃やしても、「カーボン（炭素）」は「ニュートラル（増えも減りもしない）」ということです。

本当でしょうか。

たとえば、カーボン・ニュートラルの本命とされている「バイオエタノール」を作ってきたブラジルのサトウキビは、日本で想像するような育て方ではなく、これまで歴史的に特殊な環境の中で作られています。

ブラジルのサトウキビ畑は熱帯地方にあり、広大な農地があること、そして、かつては奴隷労働で今では失業者が多いため、低賃金の労働者を確保できる条件が整っています。このような場合、燃やせば1キロカロリーの熱を出すバイオエタノールを作るのに、0・8キロカロリー程度の石油を使うとされています。

ですから、カーボン・ニュートラルといっても、石油を直接ガソリンにして使うのに対し、20%だけ二酸化炭素を少なくすることができる程度です。たった2割です。ちなみに、もともとブラジルがサトウキビからバイオエタノールを作るようになったのは温暖化が理由ではなく、石油の代わりになる資源を得ようとしたためです。

これに対して、アメリカのトウモロコシの場合はいろいろな計算がありますが、平均すると1キロカロリーの石油を使って、1キロカロリーのトウモロコシがとれると考えてよいでしょう。ですから、苦労してトウモロコシをエタノールにして、それを自動車にくべるくらいなら、最初から石油を直接ガソリンにまわすのと同じですから、何をやっているのかわからないといえます。

しかし世界には、多くの専門家、エネルギーや食糧の専門家がいるのに、なぜこんな奇妙なことが「カーボン・ニュートラル」という名前を付けて行われるのでしょうか。それは、農業団体や石油団体が、より安定した商売をしようという思惑と圧力があって、それに環境によさそうな響きを持つ「バイオエタノール」を推し進めるという政治的な力からくるものなのです。

それでは日本ではどうでしょう。

日本の場合、戦後まもなくの時期には1キロカロリーのエネルギーで1キロカロリーのお米をとっていましたが、その後、ほとんどの仕事が人間の力から機械の力、もしくは肥料や農薬を使うということで、現在では1キロカロリーのお米をとるのに5キロカロリーの石油を使うようになっています。ここでは簡単に「石油」で表現しましたが、ここで石油というのは農薬や肥料を作るための石油も含まれています。いずれにしても、日本は広大な農地もなく、熱帯でもないので、お米のような食糧をバイオエタノールにするのは完全にナンセンスです。

言葉の響きがよくないせいか、最近ではあまり使われませんが、バイオエタノールを「環境に優しい」というのは、単細胞的思考といってもよいでしょう。

人間があまり深く考えないで行動すると、とんでもないことが起こります。その一つの例がこのバイオエタノールで、ブッシュ大統領がバイオエタノールがよいと演説し、当時の日本の安倍首相がそれを支持したことです。その結果、トウモロコシはいうまでもなく、小麦、小麦から作るパンやうどん、それにバイオエタノールにするトウモロコシ畑が増えたので、そのとばっちりを受けてオレンジのようなものまで一斉に値上がりしました。

政治家というのは、全体を考え、たとえ環境運動家が特定の利害のもとに変なことを主張しても、それによって食糧の値段がどんどん上がって、みんなが困るようなことに、普通は慎重になるものです。

ブッシュ大統領が2007年にバイオエタノール構想をぶち上げたとき、数社の新聞やテレビ局からインタビューを受けました。そのとき、「安倍首相は、これによって日本の食糧が高騰することを知っているのでしょうね？」と言われ、返答に窮したことを思い出します。もちろん政府がアナウンスするのですから、立派な人が考え抜いた結果と考えられます。でも日本の政府の首脳は頻繁に庶民を裏切り、業者や国際的なメンツを保とうと行動します。

これまでも、日本人は国民のためを考えない行動をとる政府の政策の被害を受けてきました。最近では社会保険庁の年金問題で、いかに日本政府がいい加減な団体かが理解されてきましたが、伝統的に日本人はお上を信じるところがあり、環境問題でも、多くの損害を出しています。

次の節で説明する地球温暖化の話も、バイオエタノールに類似した例で、国民はこれから意味のないことでかなりの出費を強いられるでしょう。

検証六 温暖化はCO_2削減努力で防げる ⬅ 判定 防げない

日本人がどんなに努力しても
地球温暖化はやってきます。
その備えがあれば安心です。

温暖化を防ぐために、日本人にできることは何もない

2008年の正月があけて、テレビや新聞は一斉に「地球温暖化を防ぐためにあなたは何ができますか?」と呼びかけました。しかし、結論から言うとそれは無理な話です。人間は日々希望を持って生活していますが、いつも叶うわけではありません。人間には「そうなりたい」と願っても、できることとできないことがあります。その典型的なものが「温暖化を防ぐ」ことで、できないものはできないのです。

温暖化の原因は、二酸化炭素のような温室効果ガスによるものという考え方がマスメディアでは主流になっています。私たちが、電気を使ったりプラスチックを作ったりして、石油を使うので、それによって温暖化が進みます。だから温暖化を止めるために、石油製品を使わず、電気を消すのが有効である――ここまでは正しいとすることもできます。

ところが、実際に日本人は節約家です。世界全体から見ますと、アメリカとヨーロッパで二

酸化炭素全体の57％を排出しています。ところが、日本は、工業生産量は世界の約10％ですが、二酸化炭素の排出量は約5％で、工業生産高から見ると、ずいぶんエネルギーを節約している国です。

残念ながら、世界で二酸化炭素を多く出しているアメリカもヨーロッパも削減にはあまり熱心ではなく、これから多くの二酸化炭素を出すと言われている中国やインドもその気はありません。

この中でヨーロッパは京都議定書にも積極的で、二酸化炭素を減らしているのではないかと思っている人もおられるでしょう。このことは非常に複雑なので、ここでは詳しくは説明しませんが、京都議定書ではドイツは実質的にプラス11％、イギリスはプラス5％、そしてロシアに至ってはプラス38％と、それぞれ二酸化炭素の「増加枠」を獲得しています。この原因は、京都議定書が締結されたのが1997年なのに、「基準年」といって、二酸化炭素の量を計算する年を1990年までさかのぼることになっているからです。

たとえば、ドイツは1990年に東ドイツと西ドイツが統一され、東ドイツの石炭の発電所を止めているので、形式的には削減になっていますが、実質的には増加になります。京都議定書は政治的な条約ですが、温暖化は科学の問題ですから、いくら言い訳があっても、二酸化炭素が増えれば温度が上がるというのは変わりません。基準年などというのは政治の話で、科学がもとになった話ではありません。この辺の詳細は、拙著『環境問題はなぜウソがまかり通るのか2』（洋泉社）をご覧ください。

ともかく知っておかなければならないのは、現在、世界中で「温暖化を防ぐために京都議定書を守りましょう」と言っている国は日本だけで、実質的に削減努力をしているのも日本ただ1カ国だけなのです。

このような背景を知って、もう一度、私たちの努力を考えてみます。

もし、世界で日本だけががんばって二酸化炭素を減らしたとします。石油や石炭をまったく使わないようにしても、世界全体ではたった5％しか減りません。しかし、現実にはまったく石油を使わないなどということはできませんから、これは非現実的な話です。

そもそも、日本が京都議定書で約束しているのは、現在日本が出している二酸化炭素の6％を削減するということですから、少し計算がややこしいのですが、世界全体の5％のさらに6％分ということで、世界全体からすれば0・3％削減されるにすぎません。

削減率は、おおよそ気温の上昇にも比例しますから、もし日本が京都議定書の目標を達成した場合、気温が2℃上がるところ、1・994℃になるともいえますし、また100年後の2100年1月に上がる予定の気温が、2100年4月になるとも表現できます。この程度の違いは「効果なし」といえますが、それより日本だけが削減しても、世界全体は一年で2％ぐらい二酸化炭素の排出量が上がっていますので、京都議定書の約20年の期間では49％も上がりますから、まったく日本の努力は無になることになります。

つまり、地球温暖化を防止するには、人類全体が一致協力してやらないと意味がありません。一人の人がいくらやってもあまり効果は現れないけれども、全員が心を合わせるとできるということは、皆さんも日常的に体験していると思います。けれども、そのとき一人だけが力を入れ過ぎてしまうと、かえって全体が一つにまとまらなくなったり、その人だけが浮いてしまうことがあるわけですが、現在の世界では、日本だけが少し浮いてしまっている状況になっています。

「ストップ温暖化」は「ストップ台風」というのと同じこと

このような話をすると、「温暖化してもいいのか！　日本だけでもやるべきだ！」と言う人たちがいます。地球にとって気候が変わったり、気温が上がることが深刻な影響をもたらすことはわかっています。現実に、人間の活動によって気温が上がってきているとすると、これは大変な問題です。でも、「大変な問題」ということと「自分に解決できる」ということとは違います。

たとえば、東京湾にこれまでにないほどの大きな台風が接近しつつあるとします。台風がきたら、東京が非常に大きな被害を受ける。そこで都知事が都の職員に、「台風を止めてこい」と命令します。職員は「台風は止められません」と答えます。「おまえは、大きな台風がきたら首都が壊滅してしまうかもしれないという現実がわからないのか、都民のことを考えないのか！」と叱ります。

みなさんは、この話をどう思いますか。確かに、超大型台風がきたら東京は壊滅するかもしれません。でもだからと言って、それを職員が止められるかというのとは違うわけです。台風を止めるか止められないか、ということと、台風の被害がどんなに恐ろしいかということは、別の問題です。同様に、温暖化がどんなに恐ろしいかということと、温暖化を日本人が止められるのかということとは、意味合いがまったく違うのです。

それでは、温暖化は進むのか。

世界の人々が温暖化を止めようとしていないのですから、現実に温暖化するでしょう。では、私たちはどうすればいいのでしょうか。自分の身は自分で守るしかありません。自分の身を守るということは、夏の40℃の中でも熱中症にならないようにするとか、涼しいところに住むということです。後でもとりあげますが、みなさんが夏の熱い日に、いくらクーラーを止めても、温暖化は止まりません。反対に、身を守るために夏はクーラーをつけなければいけません。これは、台風を止めることはできないけれども、戸や窓枠、屋根瓦、アンテナ、庭木などを固定・修理したり、植木鉢など飛ばされそうなものは屋内に入れたりして、台風に備えることができるということと同じです。

そのうちには、石油や石炭がなくなってきますから、温暖化はおさまっていくでしょう。ですから、台風が通り過ぎるのをじっと待つということです。

農業に従事している人は、気温が上がることによって、採れる作物の種類が変わります。たとえば、今までいちばんおいしいワインはフランスでとれていましたが、最近、おいしいワインがイギリスでできるようになってきました。温度が上がってきたので、これまで採れた種類の作物が北のほうに移動しているということです。日本では、北海道の北見より北では、ジャガイモやタマネギのいいものは採れませんでしたが、最近では、おいしいジャガイモやタマネギが寒い地方で採れるようになってきました。温暖化はこれまで寒い地域で雪に閉じこめられた人にとっては朗報です。

このように、生活スタイルを変えたり、農業従事者であれば自分が育てる作物の種類を変えていく必要があるということです。これは、大きな台風がくるから戸や窓枠を固定することと同じで、大きな変化に対しては、来る変化への対策をとるほうが賢明です。

日本以外の諸外国がなぜ二酸化炭素を減らそうとしないのかというと、地球温暖化に対して「どうでもいい」と考えているわけではありません。これから発展しようとしていく国が発展できなくなったり、生活を極端に落としたりすることは非現実的なので、妥協しながら、やれる範囲でやっていこうと考えているのです。日本に対して、諸外国は「日本が言っているのは正論だけれども、もう少し現実的な提案をしてくれ」と心の中では思っていることでしょう。

「直《ちょく》にして礼《れい》なければ則《すなわ》ち絞《こう》す」――これは孔子の言葉ですが、その意味は、「正義感が強すぎて、真面目すぎると、かえって（周囲を）絞めつけるようになる」という意味です。〝真面目〟というのは立派なのだけれども、それがいきすぎて絞めるようになってしまう、つまり、「二酸化炭素を減らさなければいけない。私がこれだけやっているのだから、あなたの国もやりなさい」と言いはじめると、まわりの国は引いてしまって、国際的に孤立した状態になっているのです。

温暖化を防ぐことはできない。このことを、私たちは勇気を持って認めることです。

検証七 冷房28℃の設定で温暖化防止

判定 ⬅ 意味なし

エアコンの温度を控えても
電気代が安くなるだけ。
〝うちエコ〟は意味がないのです。

エアコン調整は経費削減になるだけ

温暖化を止めることはできない、と先に結論を述べましたが、テレビや新聞の大々的な報道もあって、〝エコな暮らしの常識〟として刷り込まれている「エアコンの設定温度」について、ここでとりあげたいと思います。しかしこういった〝偽のエコ情報〟の被害をいちばん受けているのは、私たち大人ではなく、子供たちかもしれません。

先日、とある高校の放送部の生徒さんから電話がかかってきました。その高校生は放送部で環境に関する番組を作ろうとしたのですが、調べれば調べるほどよくわからなくなってきたので、本当のところを教えてください、ということでした。その話とはこうです。

子供の頃、テレビは毎日のように「ダイオキシンが危ない、環境ホルモンでオスがメスになる」という報道があり、小学校の先生や親からもしょっちゅう、聞かされていました。たき火をすればダイオキシンが出るから危ないと聞かされていましたし、プラスチック製のお弁当箱なども、注意しなければならないと言われていました。ところが最近では、ダイオキシンという言葉はほとんど聞きません。第一、少し勉強してみると、日本は大昔からたき火をしていますし、アメリカでは山火事で大量のダイオキシンが発生していると聞きます。山火事なら太古の昔からあったはずだし、何か変な気がするというのです。

リサイクルもそうです。

小学校の頃から森を守ると言われて紙のリサイクルをしてきましたが、お正月の新聞には、製紙会社が紙のリサイクル率を大きく偽装していたということが載っています。それも、新品の紙と偽ってリサイクル紙を混合していたのならわかるのですが、安いはずのリサイクル紙を少なく入れていたということですから、逆の感じです。

こんなことが次々と起こっているのに、大人は別に変な顔はしていません。相変わらず、紙をリサイクルしたり、たき火に注意したりしています。でも、何が本当かわからないので、納得して生活することができない、という話でした。

ほかにも、少し前のことになりますが、２００７年の夏、私はとあるＦＭの夜の番組に出ていました。その番組はどちらかというと受験生向けだったのですが、番組の途中で視聴者から電話がかかってきました。

「僕は受験生ですが、地球温暖化を防ぐために部屋の温度を28℃にしてあります。でも暑くて勉強に身が入りません。設定温度を25℃に下げたいのですが、温暖化は大丈夫でしょうか？」というものでした。この質問を聞いて私は愕然としました。どういったらよいか、どうして大人はこれほどのウソを子供につくのか！　と絶句したのです。

第一、前の項目でも触れたように、京都議定書は世界で日本しか守ろうとしていませんし、日本だけで行動しても温暖化は止められません。ドイツの高校生もアメリカの高校生もまったくしていないことを、日本の高校生だけに犠牲を強いているのですから、どうして自分の子供だけをいじめるのか、とまず思ってしまいます。

また、大人は自分が温暖化にあまりよいことをしていなくても、他人に平気な顔ですすめられるという二重人格性を持っています。温暖化を防止するために自分の生活を少し犠牲にするということは、人生そのものを少し犠牲にすることに他なりません。たとえば、この高校生は真面目で親の言うことを聞こうとした結果、勉強に身が入らずに受験に失敗することもあるのです。

ある社長さんは地球温暖化にはほとんど関心がなく、売り上げが上がることだけを考えているのですが、会社の経費を下げたいので、温暖化防止を口実にし、「電気をこまめに消すように」と従業員に呼びかけています。彼は大人ですから、本当は儲けのためにと思っていても、口では温暖化防止のために、と呼びかけることができます。彼はおそらく、お金があれば、家では冷房を効かせているに相違ありません。

人間には、心に思ってもいないことを平気で口に出せる人と、一つのことをそのまま信じて、それと反することはできない人がいます。現代の日本人の多くは心にも思っていないことを平気で口に出せるようになっていますが、それでも次世代を担う高校生は、まだそんな現代の風潮に汚染されていないようです。それは心強いことでもありますが、大人の表向きだけの論理をそのまま信じてしまうことにもなるのです。

また、電力会社がよく広告で節電を呼びかけていますが、利益優先の企業の価値観からすると、不思議に思う人もいるでしょう。普通に考えれば消費者が電気を使ってくれたほうが儲かるからです。では、電力会社が身を削って温暖化のことを考えているのかといえば、そういうわけでもありません。電力会社は基本的に競争がなく、売り上げが上がっても下がっても、それに応じて電気料金を変える仕組みになっています。実際、日本の電気料金は高止まりしています。政治家とつながりを持ち、電気料金の認可をもらえば問題ないので、消費者には、節電のような「会社の利益が減る方向での広告」を呼びかけることができるのです。

行為の矛盾に気づいていない大人たち

環境というのは、人間が作り出すものですから、今の日本のように、価値観の違うことを同時に口に出すような風潮は、私自身は感心しません。

その最も極端なのが、特定のテレビ局だと思います。あまりに放送が多い、深夜もやっている、スタジオも豪華だとたびたび言われているのに、番組の中で「みなさん、温暖化を防ぐために電気を節約しましょう」などと言っても、純情な人には、とても理解ができないことです。

2008年の正月には、とあるテレビ局が地球温暖化を防ごうという大規模な放送をやっていました。番組で多額な年俸をもらい、高級車に乗り、豪華な自宅に住み、冷暖房を十分に使っている人が、「江戸時代はロウソクも節約していました、みなさん、慎ましい生活をして温暖化を防ぎましょう」と呼びかけていました。それを見ていて、私は少し気分が悪くなりました。豪華な生活も悪くはありませんが、自分が節約していないのに、他人に節約を呼びかけるのはどうでしょうか。

日本人は、かつて誠意のある民族でした。何かの罪でお白洲《しらす》に引き出されたとき、自分が罪を犯したら、「恐れ入りました」と言うのが潔い日本人の態度でしたが、最近では、ヨーロッパ文化の二面性を学び、自分が罪を犯していても容易には認めないようになってしまったのです。この際、日本の将来を考え、子供にウソを言わない大人になりたいと思います。

検証八　温暖化で世界は水浸しになる

判定 ➡ ならない

温暖化で海水面は上がりません。
島国ツバルは温暖化で
沈んでいるのではありません。

「北極と南極の氷が解けて海水面が上がる」は間違い

この章の最後に、エコな暮らしを目指す人たちの錯覚がなかなか抜けない話――温暖化と北極、南極の氷の関係について簡単にまとめておきます。

まず、北極の氷ですが、北極の氷のほとんどは海に浮いています。海に浮いている氷はアルキメデスの原理によって、解けても凍っても海水面は変わりません。理由は次の通りです。

水と氷は同じもので、もし水が氷になって重たくなれば氷は沈みますが、実際は軽くなるため、水に浮かびます。なぜ水が凍ると軽くなるかというと体積が増えるからです。どのぐらい体積が増えるのかというと、海の上に見える氷の部分だけ大きくなります。ですから、浮かんでいる氷が解けると、もとの体積、つまり氷の海の下にある、見えないところの体積に戻るので、まったく水面は変わらないのです。

つい最近も、小学校の6年生から「家で実験してみたらその通りだった」とのメールをいただきました。アルキメデスの原理は中学校で習うようですが、その小学校6年生は少し前に勉強したことになりました。温暖化問題が生活の中で理科を学ぶきっかけになったのはとてもよいと感じました。

次に、南極の氷です。

南極の氷は気温が「暖かくなる」と少し「増えます」。暖かいと氷が増えるというのですから、多くの人は奇妙に思いますが、昔、霜取りを自分でしなければならなかった冷凍庫があった時代を思い出してください。

冷凍庫の中にお湯を入れると、湯気で霜が増えるという経験をした方は多いと思います。マイナス20℃とか50℃いうような冷えた空間があると、そこにある水が暖かくなればなるほど蒸気があがって、霜が多くつきます。つまり南極では、周囲の海が暖かくなると、海から立ち上った蒸気が南極大陸の中心部に雪となって降るので氷が増えるのです。

もともと、現在の南極大陸の氷は雪からできたもので、中心部には雪が降っています。中心部の気温は、現在、マイナス50℃ですから、2～3℃高くなってもその状態は変わりません。これはＩＰＣＣが「気温が温暖化すると、南極の氷が増える」と言っていることと符合します。

このように、北極南極の氷はそれほど心配したことはないのですが、アルプスなどの氷河などが解けて海水面が上がると心配している人もいます。アルプスやキリマンジャロの雪が減っていると言われていますが、海が膨大な広さなので、それに比較すると氷河の氷は少量で問題はないとされています。

いちばん議論になり、また人によって意見が違うのがグリーンランドの氷です。ゴア元副大統領が『不都合な真実』という映画の中で、「海水面が6メートル上がる」と言い、それでノーベル平和賞までもらいました。

この映画に対して、イギリスの父兄が裁判を起こしたと報道されたのは、記憶に新しいことと思います。イギリスでは、子供に教えることに間違いがあった場合、その父兄が訴えることができるようになっていますが、ロンドンの高等法院はその判決で、「ゴア元副大統領の映画について9つの誤りがある。映画を上映してもいいが、その際、必ず上映前に先生が、この映画には誤りがある。危険を煽《あお》りすぎていると言うこと」、と条件付きになりました。

主な誤りの箇所は、グリーンランドを覆う氷が解けて「近い将来に」水面が6メートル上昇するかもしれないというところですが、ＩＰＣＣはグリーンランドの氷が解けるのに「数千年」かかると報告しています。数千年後には、確かに6メートルになるでしょう。けれど映画を見ている小学生は、すぐ6メートル上がるように思うかもしれないので、そこを注意することです。

もう一つは、何かの天変地異が起こり、グリーンランドにこれまでなかったような大地震が起こって、グリーンランドの氷が海の中に滑り落ちるというところです。実際、このようなことが起こりますと、氷が一気に解けて塊が勢いよく海に落ちますから、海水面の上昇は数メートルになる可能性があります。ただ大地震のような天変地異をつねに考えて不安になっていたら、私たちは何もできなくなるでしょう。

また、ゴア氏は「かつて地球でも今より5メートルくらい海水面が高い時代があった」としていますが、その「かつて」というのは、12万5000年前ということです。確かに10万年以上たてば、そういう時代が来る可能性があるのですが、10万年先のために、いま温暖化対策をするというのも変な話になってしまいますので、誤解しないようにしたほうがよいでしょう。

温暖化で海水面は膨張するので、10センチは上がる

では、実際、温暖化によって日本の海水面がどのくらい上がるかというと、約10センチくらいは上がるだろうと言われています。温暖化で海水面が上がるのは、熱で膨張するからです。電気ポットに水を入れるときに少しフタより控えたところに線が入っていて、それ以上は入れないようになっているのも同じ理由からです。

ただ、季節によっても海水面の高さは変わっています。日本では、海水の温度が上がる夏は、冬に比べて毎年、温暖化しますから40センチメートル上がります。また、台風がくると〝低気

圧〟になりますので海水が膨張します。50ヘクトパスカル気圧が低下すると、50センチメートル上昇するという具合です。普段から、これだけ海水面が上下していても私たちの生活に支障はありませんから、温暖化で上がると言われる10センチというのは、それほど大きな値ではないのではないでしょうか。

最近の日本の報道は、視聴者を驚かせないと視聴率などがとれないので、あの手この手で事実とは違うことを報道します。その一例が、ツバルという南太平洋に浮かぶ小さな珊瑚礁の島国です。テレビでは海水面が上がって島が水浸しになり、そこで泳いでいる子供たちが映ります。そんな映像を見ると、これは大変だということになりますが、ツバルの近辺の海水面の上昇を測定しているハワイ大学の記録では、海水面の上昇は5センチとされています。この地域の海水面の上昇はハワイ大学のデータしかないので、温暖化を考える際にはこの数字を使っています。

確かに5センチ上がっているのだと思いますが、5センチでは水泳はできません。また5センチ海水面が上がるというのは、小さな低気圧がきたらそのぐらい上がりますから、そんな島には普段から住めないことになります。

この地域の国の独立は1978年になってからなので、個々の島を特定することはできませんが、第二次世界大戦当時、アメリカ軍が来て急ごしらえの飛行場をブルドーザーで整地したところが地盤沈下しているようです。もともと、日本でも大阪などの大都市の地盤沈下が激しく、この100年で3メートル近く海水面が上がっています。でも日本のような工業国はその対策をしますから、3メートルぐらいは克服してきましたが、ツバルはなすすべもなく地盤沈下の影響を受けていると思われます。

「なぜ、マスメディアは国民を脅すのですか?」とよく質問されます。この質問の答えは大変難しいのですが、マスメディアは何か国民に警告を出さなければならないとの使命感を持っている感じがします。とはいえ、その警告は、記者がほとんど何の根拠もなく心配したことを、それを裏付けてくれる学者のところに行って取材をし、記事にするというプロセスをとります。学者は学問の自由があり、人によって考えていることが違うのですが、このような取材方法のもとではどういう結論の記事でも書けるということになります。

現代の日本のように、言論に自由があって、何でも書けることはよいことなのですが、それだけに、国民は自分の力で正しい情報を選択しなければならない苦労があるのです。

第二章　こんな環境は危険？　安全？

検証一 ダイオキシンは有害だ

判定 ➡ 危なくない

ダイオキシンで健康障害が起こる可能性は99％ありません。被害報告もゼロです。

人間にとってはほぼ無害

近頃、中国産の食品で、さまざまな危険なことが起きています。でも厳しく言いますと、このような問題が起こるのは、食の安全について真剣に考えずに、あまり危険でもないダイオキシンや狂牛病に、日本人が過剰なほど注意を払い、本来、危険な外国から輸入している食品が、国内と同じように安全などと思っているからです。中国産の餃子を食べて小さな女の子が重体になったのは、親御さんの責任ではありませんが、日本社会全体が「毒」というものを勘違いしているから起こることでもあります。

この章では、環境問題を考える上でも欠かせない「毒」に関する正しい知識を頭に入れて、毒物でひどい目にあわないようにしたいと思います。

ダイオキシンは、身近にある「危険なもの」の代表として、多くの人に今でも敵対視されています。でも実際には「それほど危険ではないもの」なのです。今まで聞いてきたこととあまりにも違うので、びっくりされる方が多いのですが、事実は事実です。ダイオキシンがなぜ「危険なもの」にされたのかについては、これから細かく説明していきますが、その前に、読者の方の経験でもわかることを少し書きたいと思います。

ダイオキシンの毒性が騒がれ始めてから40年になりますが、今日まで、日本では誰一人として患者さんが出ていません。たき火をしても出るダイオキシンですから、もし猛毒であれば、昔から囲炉裏を使っていたり、焼却炉の掃除をしていた方などは危なかったのですが、幸いなことに、患者さんは一人も出ませんでした。

ダイオキシン騒ぎが起こってからは、たき火が禁止され、農業の人は野焼きまでできずに困っています。たき火や野焼きに苦情を言う人は、これまで長い間、私たちが出したゴミを焼却してくれていた炉の中を、毎日、掃除していた人のことを思ったことがないのでしょうか。隣のたき火ぐらいで健康障害が出るなら、焼却炉の掃除をしていた人はどうなるのでしょう？

また、ダイオキシンというと、ベトナムのベトちゃん・ドクちゃんを思い出す人もいると思います。当時、「このかわいそうな子供はダイオキシンの犠牲者で、そんな子供ができたのはアメリカ軍がベトナム戦争時に、ダイオキシンを含む枯れ葉剤などをまいたから」と言われました。

しかし、もともとベトちゃん・ドクちゃんとダイオキシンは無関係でしたし、米を作る日本の田畑には、ダイオキシンを含む除草剤が、長い間にわたってまかれていました。実はベトナム戦争のときよりずっと多いダイオキシン（私の調査では8倍）が、米や野菜を作る畑にあったのです。でも幸いなことにダイオキシンの毒性が弱く、その米を食べていた日本人は助かりました。本当によかったと思いますが、順を追ってその理由を説明したいと思います。

まず、ダイオキシンに関する信頼できる学問的なデータを示したいと思います。

２００1年1月、当時、東京大学医学部教授で免疫学や毒物学の日本の第一人者であった和《わ》田攻《だおさむ》教授が、「ダイオキシンはヒトの猛毒で最強の発癌物質か」という論文を書かれました。

「第一人者」というのは褒め言葉で使うこともあって、本当はあまり専門家ではない人にでも時々、使われますが、和田先生は本当の第一人者で、書かれている本や研究でも、毒物学や免疫学では日本で群を抜いた方でした。しかも、東大の医学部教授という要職にあった方です。

ダイオキシンに関する先生のご論文の最初と最後の部分を紹介します。もっと綿密な論文も書かれていますが、あまり専門的なので、一般的に書かれたものを示しました（図表9）。

この論文に書かれた細かいデータは割愛しますが、結論を示したいと思います。

「少なくともヒトは、モルモットのようなダイオキシン感受性動物ではない。また、現状の環境中ダイオキシン発生状況からみて、一般の人々にダイオキシンによる健康障害が発生する可能性は、サリン事件のような特殊な場合を除いて、ほとんどないと考えられる」

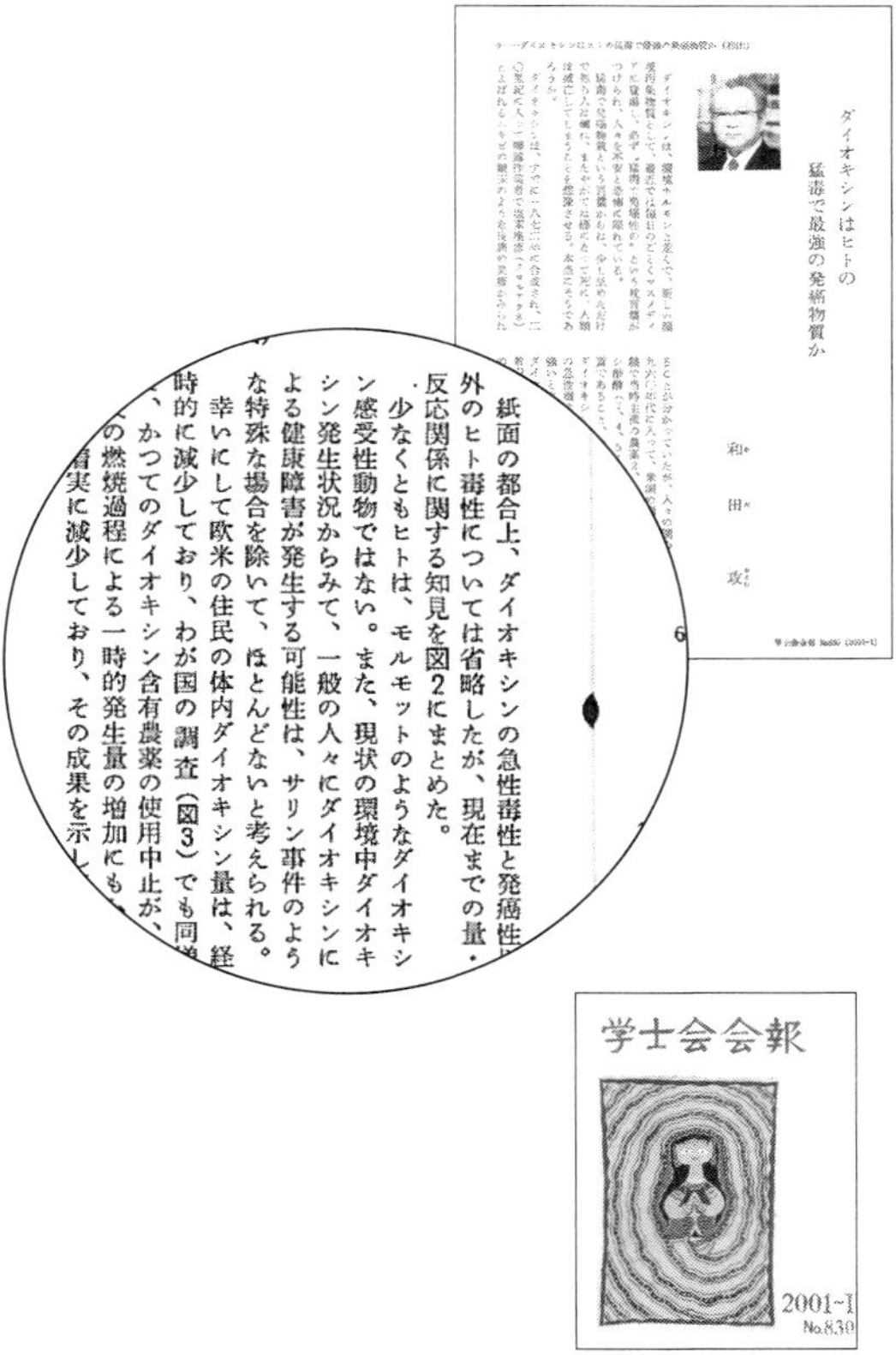

和田 攻
紙面の都合上、ダイオキシンの急性毒性と発癌性以
外のヒト毒性については省略したが、現在までの量・
反応関係に関する知見を図2にまとめた。
少なくともヒトは、モルモットのようなダイオキシ
ン感受性動物ではない。また、現状の環境中ダイオキ
シン発生状況からみて、一般の人々にダイオキシンに
よる健康障害が発生する可能性は、サリン事件のよう
な特殊な場合を除いて、ほとんどないと考えられる。
幸いにして欧米の住民の体内ダイオキシン量は、経
時的に減少しており、わが国の調査（図3）でも同
、かつてのダイオキシン含有農薬の使用中止が、
の燃焼過程による一時的発生量の増加にも
着実に減少しており、その成果を示し

図表9　和田攻教授論文
「ダイオキシンはヒトの猛毒で最強の発癌物質か」
（出所：「学士会会報」2001-1 No.830より一部抜粋）

私も学者ですからよく論文を書くのですが、この論文を読んで、腰を抜かすほどビックリしました。それはダイオキシンの毒性が弱いということの論文の結論ではなく、「論文に書くことに対する和田先生の覚悟」でした。

私を含めて、ほとんどの学者は「過去のこと」をまとめて論文として書きます。たとえば、実験をして、そのデータをもとに論文を作ったり、理論計算をした計算結果を整理して論文にします。過去のことですからかなり確実なのですが、それでも、本当に正確なデータが得られたかは難しいので、範囲を限定し、さらに「このように考えられる」「こうなるだろう」という、ぼかした言い方をします。時には研究に熱心なあまり、少し書きすぎになったりすることもあり、それには万全の注意を払うものです。

ところが、和田先生のこの論文は、学者から見て本当にすばらしいと思います。その理由は、「一般の人々にダイオキシンによる健康障害が発生する可能性は〜（中略）〜ほとんどないと考えられる」という将来のことに触れておられるからです。

健康障害、つまりダイオキシンの患者さんが出るかどうかは将来のことです。過去のことではありません。

「過去にダイオキシンによる患者はいなかったと思われる」というなら普通の論文ですが、「将来、健康障害が発生する可能性はほとんどない」というのは非常にまれな書き方です。未来のことを書くときには、過去のことを書くより、もう一段、確実でなければなりません。万が一、この論文を発表した一カ月後に日本で患者さんが出たら責任問題になる可能性が高いからです。未来を予想することは難しいものですし、よほどの確信がなければ書けないものです。

私は毒物学の専門家ではありませんが、科学者なのでこの論文を詳細に読んでみました。和田先生の論文は論理的であり、かつ最後の結論は、当然ですが、正しく、これまでの医学的な見地、もしくは毒物的な見地からいえば、ダイオキシンの健康障害が起こる可能性がほとんどない、これは危なくない、と断定されるのに十分な内容でした。その後、私は和田先生の講演を聴いたり、この論文に書かれているもとになった実験データを勉強して、ますます確信を深めていきました。

この和田先生の論文は今でも否定されていません。むしろ、この論文が発表されてからすでに7年を過ぎ、また日本でいちばんダイオキシンが多かった1970年から38年もたっているのに、患者さんは一人もいません。まさに、和田先生の結論どおりになっているのです。

私も和田先生の爪のアカでも飲んで、学者としての態度を見習わなければと思います。

一つにはその学問的な信念です。そしてもう一つは、社会がどんなにダイオキシンを悪者にしようとしてヒステリー状態になっていても、正しい事実は自分の学問的信念に基づいて論文で発表するという勇気ある態度です。

最近では、政府が研究費を出す関係で、政府の施策を応援する学者が増えてきました。研究費は、もともと政府が政策に基づいて出すので、研究費を最初にもらった学者は、その後になって、政府が出してくる政策に、反対しにくくなるのです。ダイオキシンでも膨大な税金が研究に使われましたし、日本で患者さんが出る可能性がほとんどないものに大量の税金を使った手前、やはりそれを否定しにくくなるのが人情というものです。本来はお金をもらってなにか重要なことを発言するのは、もらったお金が一種の賄賂《わいろ》になりますので、望ましくないこととされていますが、日本ではまだ、それまでの倫理観が育っていません。

焼き鳥でも囲炉裏でも、ダイオキシンは発生する

ところで、冷静に考えますと、和田先生の言われることは、私たちでもわかるような気がします。

これまでの研究によると、タバコというのはたき火と同じですから、6本以上吸うとダイオキシンの規制値を超すと言われています。もし、ダイオキシンが猛毒であれば、ヘビースモーカーは亡くならなければいけないという奇妙な結果になります。たき火や野焼きを禁止しているなら、なぜタバコはダイオキシンを理由に規制されなかったのか？　という疑問もわいてきます。

もう一つ、「焼き鳥」というのを思い出してください。焼き鳥をする鶏肉というものは、学問的には、分子量の大きい「高分子」に分類されるもので、たとえばプラスチックと同じです。焼き鳥では、その「高分子」を時間をかけて焼くのですから、ダイオキシンが出る可能性があります。さらに、焼き鳥を焼くと、温度が400〜500℃になりますが、この温度は、焼却炉を作る際、「ダイオキシンが出る温度だから、できるだけ高温にして燃やす時間を短くしましょう」というときに「危険」と言われる基準値になっている温度なのです。

つまり、焼き鳥というのはダイオキシンの製造元と言ってもいいくらいです。その煙の中で、毎日、何年も働いている焼き鳥屋のオヤジさんは、もしダイオキシンが猛毒なら、お隠れにならなければいけないことになります。もちろん、そんなことはありません。焼き鳥屋ばかりではなく、家庭の主婦も、普段からガスで焼き魚を調理しますが、これも基本的にはたき火と同じです。こうした昔から日本の多くの家庭で使っていた囲炉裏や、今のコンロといったものは、ダイオキシンが発生するから危険きわまりないものだったのでしょうか？

最近では、「隣の人がたき火をしている。ダイオキシンが出るから危ないじゃないか」と市役所に苦情を言ってくる人がいますが、その人は、囲炉裏についてはどう思っているのか、焼き鳥屋には行かないのか、私は訝ってしまいます。環境を大切にする人は囲炉裏のような昔の調理法がよいと言われる人が多いのですが、まさしく囲炉裏はたき火です。

焼き鳥はいい、暖炉は問題ではない。自分が食べたり、暖をとったりするときにはダイオキシンは出ないけれど、隣の人がたき火をしてはいけない、農家の人がイモの蔓《つる》を焼いたり、野焼きをするのはケシカラン、というのでは、あまりに自分勝手と言われても仕方がないと思います。

また、よく自治体の焼却炉を設置するときに、ダイオキシンの発生が心配されます。ゴミを普通に焼却炉で焼いているときには、1000℃にもなりますからダイオキシンは出ないのですが、一日が終わって夕方、冷やすときに400～500℃という温度を通過します。そのときにダイオキシンが出るので、「焼却炉は急激に冷やさなければいけない」ことになり、何億円も使って急冷できる装置を作りました。

でも、自治体の焼却炉も自分の家にあるガスコンロも同じです。

本当にダイオキシンが毒物であれば、タバコや焼き鳥、調理器具など、産業に関係があるものであっても、すぐに禁止されるでしょう。でも、ダイオキシンは毒物ではないので、タバコなど「お金」に関係するものは禁止されず、たき火や野焼きのように、お金と関係ないものが禁止されるというわけです。

「野焼き」は収穫が終わった畑を一度、焼いて消毒し、また使うという伝統的な日本の農業のやり方です。イモの蔓を焼いたり、稲藁《いなわら》を処分したりするにも、かつては自由に田畑で燃やしていましたが、今はほぼ禁止されている状態です。仕方なく農家の方は苦労してイモの蔓を処分したり、野焼きの代わりに農薬をまいて細菌を消毒したりしています。

政治的な力のない農業の方が苦しみ、無駄に声の大きい人が得をするという社会は、私は好きではありません。

ダイオキシンが悪者にされた背景とは

では、なぜ私たちは「ダイオキシンが毒物だ」と思っているのでしょうか。

ダイオキシンが猛毒であるという報道が盛んに行われたのは1997年でしたが、毎日のように「ダイオキシン、ダイオキシン」と報道されました。あそこの焼却炉の近くがダイオキシンに汚染されていた、所沢のどこそこがどうだというように言われたのです。所沢を含めてその多くが偽装報道であり、さらに「ダイオキシンが人間に対して猛毒である」というデータも、当時はまだ出ていませんでした。

つまり、「データがないのに報道された」という異常な状態でしたが、そんなときに発言された専門家が、意図的だったのか、または心配のあまり、データがないのにあたかもデータがあるように発言されたのかは、今となっては不明ですが、ともかく、国民に大きな誤解を与えたのは確かでしょう。

確かに、ダイオキシンは一部の動物実験で毒性が見られました。でも、ダイオキシンばかりではありませんが、動物の実験で毒性があると判定された物質をどのように考えるかは難しい問題なのです。

この世に生きている生物は、さまざまな環境の中で生きてきました。極端なケースでは「酸素があると死んでしまう」生物も多くいますが、それは太古の昔に、地球上に酸素が少なかった時代の名残です。

また、硫化水素とは温泉に行ったときに卵の腐ったような臭いのするものですが、これも人間にとっては猛毒です。一方で、その硫化水素を使って生きている生物もいます。ですから、「どの生物では栄養になる」とか「あの生物では毒だ」というデータ結果は、最初の研究のきっかけになるだけで、「だから人間にも毒だと言える」という結論にもなりませんし、ある生物に毒性があるからといって環境を汚すという話でもありません。

たとえば、もし、酸素が毒になる生物がいるからといって酸素を禁止したら、人間はたちまち窒息死します。また「サリドマイド事件」というのを知っている人も多いと思います。これは、睡眠・鎮静剤として開発されたサリドマイドを妊婦が服用したところ、生まれてくる赤ちゃんに奇形を生じた薬害事件です。この事件はダイオキシンとは反対に、「動物実験では十分に安全」だったのですが、人間には毒だったという例です。つまり「動物の毒＝人間の毒」、

「動物に安全＝人間に安全」とすると、かえって、大変危険であるという一例です。

さらに、ダイオキシンの場合、ネズミの類でもラットやモルモットには毒性が強いのですが、ハムスターにはそれほど強い毒性を持っていません。私たちから見ると、ラット、モルモット、ハムスターなどはみんな「ネズミ」の類で似た生物ですが、結果は大きく違うのですから、毒性というのは、本当に専門的な知識を持って考えなければならないことがわかります。

また、「毒性」を科学的にいう場合、ある投与量に対してどの程度の死亡率が出るかといった指標を使うのが古い用い方です。しかし今では、「毒物」といった場合、実際に私たちの生活の中で、その物質に接する機会があるかどうかということで決まります。つまり、古い表現で「猛毒」といっても日本列島にないものを毒物だといって怖がっても、意味がありません。毒物とは、「そのものが持つ本来的な、人間に対する毒」ということと、「生活の中でどのぐらい接するか」ということとの、両方のバランスで決まります。

ダイオキシンの場合は、先の和田先生の文章の通り、日本人が普通の生活をしている範囲では特別に注意をしなくても健康障害が起こらない、というのが正確な表現です。このような毒性に関する正しい考え方は、産総研の中西準子先生等のご研究があります。化学物質に取り囲まれている現代生活の中で身を守るためには、毒物に対する先進的で優れた考えを参考にしなければなりませんし、また専門家は、十分に慎重に考えて説明しないと、多くの人に余計な不安をかき立てることになります。

「危険を強調することは、安全な方向だから少しぐらい大げさに言ってもよいのではないか」と考えている人がいますが、それも違います。

かつてイタリアのセベソという町で、ダイオキシンが副産物でできる工場に事故が起こり、当時22億人分といわれた致死量（モルモットでの数値）のダイオキシンが、たった6万人の人口の町に降り注ぎました。全世界は固唾《かたず》を呑《の》んで、その町がどうなるかを見守ったのです。そしてその町に住む人は恐れおののきました。

特に妊娠中のご婦人の不安は大変なもので、もしこのままにしておいて赤ちゃんを産んで、奇形だったらどうしようと不安に駆られたのも当然でしょう。そして、その数は正確にはわかりませんが、推定で数十人、おそらく60人程度の妊婦が中絶したと言われています。ところが、その胎児の解剖所見では異常は認められず、またその後、中絶を免れて生まれてきた子供にも異常がなかったと報告されています。

中絶された瞬間に、その胎児の命が奪われます。そして生まれてくる赤ちゃんを楽しみにしていたお母さん、お父さんの気持ちはどうだったのでしょうか。考えに考え、悩みに悩んで中絶した後、お隣から元気なお子さんが生まれてくる……とても耐えられることではありません。

「奇形で生まれる」と言った人は、データもなく学問的な根拠も薄く、ただ人を怖がらせただけだったのですから、本当に、環境を口にして人を苦しめるのはよくないことです。

あまりにも当然のことですが、間違った知識は間違いを生みます。そしてこの社会は、残念ながら、専門家やいわゆる「偉い人」が自分の利益のために平気でウソを言うようになっています。ダイオキシンで騒げば、ダイオキシンの濃度を測定する会社は大儲けできますし、焼却炉のメーカーも同じです。さらに、ダイオキシンを監視するような団体の多くは役人が天下っています。

私がダイオキシンの毒性のことを執筆するのは、第一に、このような非科学的なことで哀しい人を出さないこと、第二に、現代の社会はダイオキシンよりもっと問題の毒物が多いのに、ダイオキシンばかりを心配していると、かえって危険になるということからです。

検証二 狂牛病は恐ろしい ⬅ 判定 危なくない

どの国でウシの肉を食べても、人間は狂牛病にかかりません。安心して食べてください。

肉を食べていれば、危険はゼロ

あれほど騒いだ「狂牛病」も最近ではあまり話題に出なくなりましたが、先頃も、牛丼が豚丼になるといって大きな社会問題になったり、アメリカで狂牛病に似た症状のウシが出たとニュースで報道されていました。「狂牛病」という名前も、何となく恐ろしい名前ですし、病気にかかったウシがよろよろと歩いているのを見ると、さらに恐ろしくなります。

しかし事実は、「狂牛病にかかったウシの肉を食べて、狂牛病にかかった人はいない」と考えられます。これもダイオキシンと同じく、社会的には大きく錯覚されていますし、狂牛病の報道があるたびに心配している方もいるので、少し丁寧に説明したいと思います。

狂牛病は、20世紀の後半に少しずつ見られるようになりました。それまであまりなかった病気だったので、奇妙に思われ、また怖がられたのです。主にヨーロッパ、それもイギリスに多く見られ、１９８０年代の後半に急激に増えてきました。

とにかく突然、ウシがよろよろと歩き苦しみ出して死ぬのですから、それだけでも恐ろしく、それがさらに人間に感染して、脳みそがスカスカになって死ぬと言われれば、怖くなるのは当然です。

確かに「動物愛護」という点では、私たちにその体を提供してくれるウシが狂牛病にかかるのはかわいそうなので、対策をたてなければならないと思いますが、まずは、「家族や自分は大丈夫か」が第一、次に「日本人は病気になることはないのか」が第二、そして地球全体、生き物全体は大丈夫か、という順序でこの問題を考えてみます。

まず、「日本にいて、自由に牛肉を食べていても狂牛病にならないか」という問いに対しては、「まったくならない」と言ってもよいでしょう。なぜかというと、「今まで狂牛病にかかっていない普通のウシの肉を食べて狂牛病になった人はいない」からで、これは当たり前かもしれません。

それでは、次に、「今まで狂牛病にかかった病気のウシの肉を食べて狂牛病になった人はいるか」という質問に対しては、「おそらく一人もいない」と答えるのが正解でしょう。つまり、私たちに先入観があるので、なかなか考えにくいかと思いますが、狂牛病にかかったウシの肉を食べても、人間は狂牛病にならないのではないか、と考えられています。

ではどういう場合に、私たちは狂牛病に感染するのでしょうか？

狂牛病にかかったウシを食べて、狂牛病になるためには、そのウシの「脳、目、脊髄、まれには小腸の一部」を食べなければなりません(図表10)。

そして、たとえ脳や目を食べても、ほとんどの場合は発症しません。狂牛病が流行ったとき、1000万人を超えるイギリス人が狂牛病に関係するウシを食べたと考えられますが、それで感染した患者さんは、137人でした。つまり、狂牛病のウシの肉を食べても感染することはなく、病気のウシの脳や目を食べなければ感染せず、さらに、食べても感染する可能性は非常に低いのです。

日本では「ウシ」が原因でない「狂牛病」が年間80人程度発生し、現在、ご存命の方は800人程度おられます。これは厚生労働省が発表しています。

つまり、狂牛病は必ずしも「ウシ」とは関係がないということです。日本では、一人も「ウシによる狂牛病」の人が存在せず、「ウシではない狂牛病」にかかっている人が400人以上もおられます。そのことを頭に入れず、メディアにうえつけられたイメージだけで「狂牛病」を語ることが、現在のヒステリックな狂牛病騒ぎの原因になっていると私は思います。

狂牛病のウシ自体が今ほとんどいない

ところで、狂牛病は、もともと共食いで発生する病気です。人間の場合はパプア・ニューギ

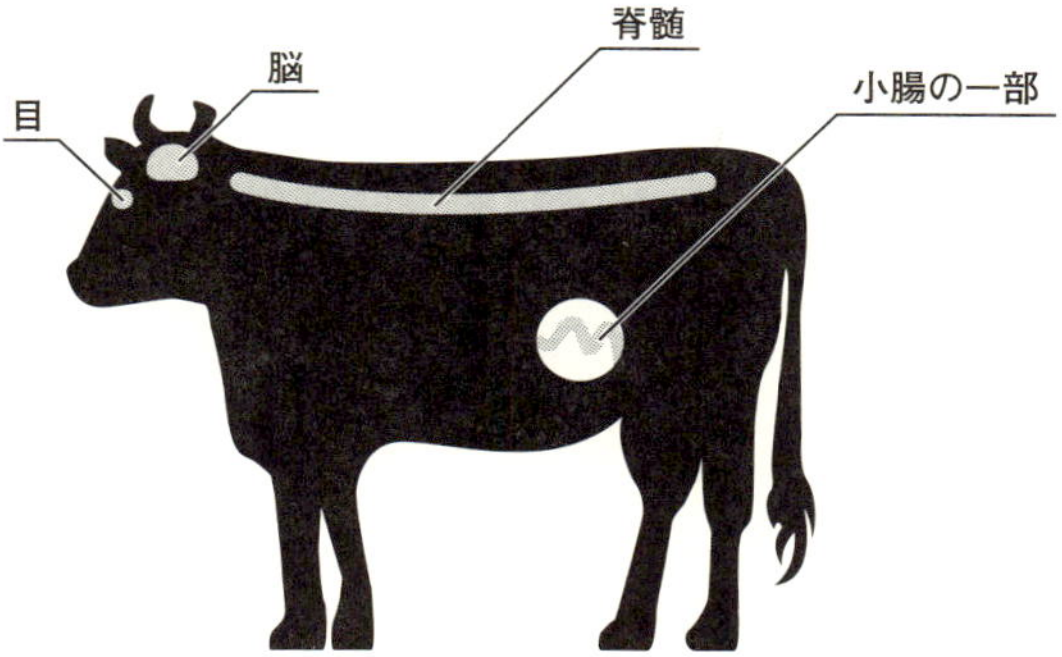

図表10　食べると危険な部位
（参考：北九州市保健所）

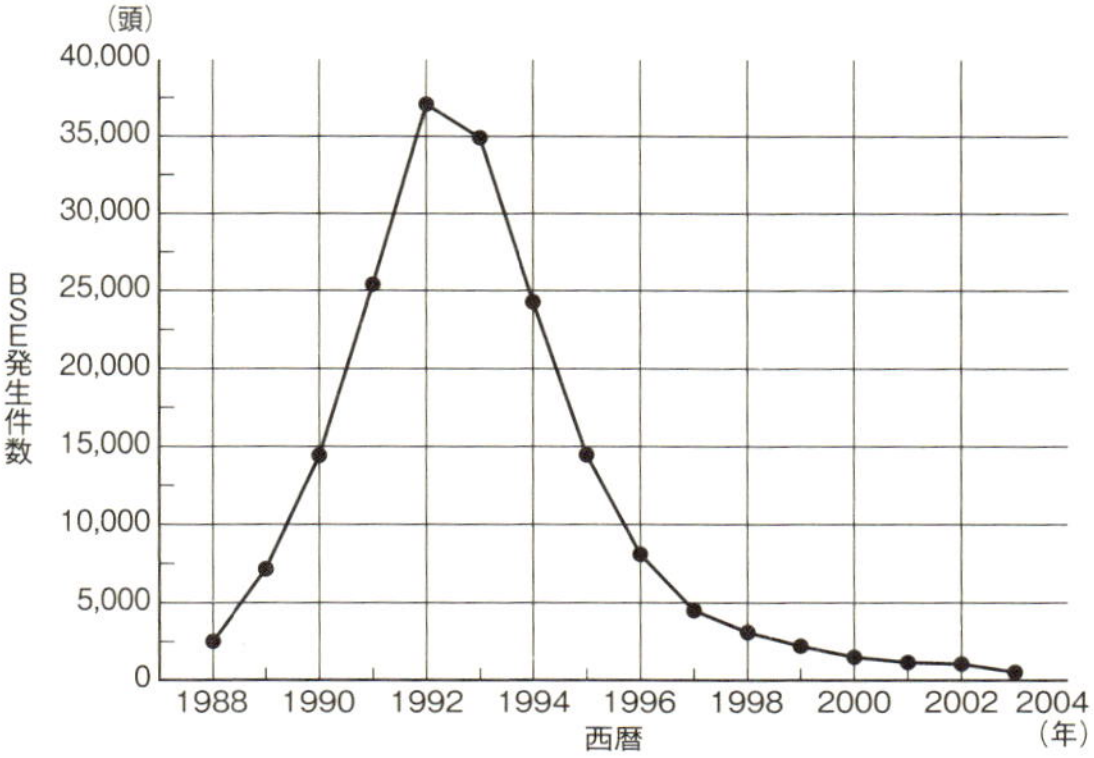

図表11　狂牛病発生数の推移
（参考：国際獣疫事務局（OIE））

ニアのフォア族に多かったクールーという名の病気ですが、昔、儀式としてお葬式のときに、死んだ肉親の肉を一部食べる風習があり、1年に2000人くらいの人が狂牛病と同じ症状で亡くなっていました。現在は、このような風習を政府が禁止しており、クールーという病気はほとんど発生していません。

次に知られているのは、ヒツジの「スクレイピー」ですが、ヒツジの習性によって母親と子供の間の一部が共食い状態になることがあり、それが原因となります。

ウシの場合は、ヒツジのスクレイピーという病気がウシに感染したという学説もありますが、ウシ同士の共食いで発生した可能性も否定されていません。

昔は狂牛病に相当するような共食いの病気はありませんでした。ウシを自然の状態で飼っている限り、どんなに草がなくて餓死するような状態になっても、仲間を食べることはしません。食料危機になって、餓死したウシが倒れていても、その隣にいるウシは草を求めて歩きます。

ところが、人間が、あるとき、「食肉解体したウシをリサイクルできないか」と考えたのです。ウシを解体しますと、肉をとったあとの脳や骨、足とか、人間の食糧としては利用できないところが残ります。昔は宗教の心、自然を敬う心がありましたから、利用させていただいた残りの部分は、丁寧に葬っていたのですが、だんだん合理的になり、数十年前から、捨てるのはもったいないからということで、砕いて乾燥して、こともあろうにウシの飼料として使うようになったのです。

それでも、最初のうちは徹底的に焼いて、乾燥させて、砕いて、それを飼料の中に入れて食べさせていました。もちろんカルシウムやタンパク質は多少残っているところもあって、栄養価の高いリサイクル食品として使われていたわけです。

さらに効率的にしようということで、焼き方がだんだん不完全になり、生焼けの状態で粉にして、それが飼料に混ぜられるようになりました。同じ牧場で使われることが多いですから、言ってみれば、親の肉を子供が食べるという「垂直共食い」という最も危険な状態が生じました。その結果、1980年代の終わりから急激に狂牛病が増えてきました（図表11）。

どのくらい急激かというと、1988年に狂牛病の牛が2500頭、発見されました。今の感覚では、一年に狂牛病が2500頭も発見されたら大変なことですが、当時はそれほど多いという感覚はなく、さらにその4年後の1992年には、実に3万8000頭の狂牛病のウシが発生して、社会全体が大騒ぎになったのです。

狂牛病の大量発生と並行して、なぜこのような狂牛病が起こったのかという研究が行われました。そして、これは肉骨粉と言われるもの、つまり解体した牛をリサイクルしたものが原因であることがわかりましたので、それをやめました。結果、病気のウシは急激に減り始め、1998年には再びもとの2500頭くらいに戻り、現在では1頭か2頭、いるかいないかというレベルになっています。

「ウシの全頭検査」よりも大切なこと

まとめますと、「狂牛病は危なくない」というのには二つの理由があります。

一つは、原因が完全にわかっていること、そしてその原因を取り除いたことによって、現実に狂牛病のウシがいなくなったことです。原因がわかるというのは、安全を保つうえできわめて大切なことです。

アメリカの狂牛病のウシが、もしかしたら日本に入ってきているのではないかということで大騒ぎになり、牛丼の吉野屋が牛丼をやめて、豚丼を始めたことがありました。そのとき、アメリカの政府が盛んに、「安全な牛肉をなぜ日本は買わないのか」といって圧力をかけてきました。この言い分はもっともで、「原因がわかっているから、防ぐことはできるのだ」という意味です。当時、日本は全頭検査をしろと言い、アメリカは全頭検査ではなくて抜き取り検査でいいと言いました。

アメリカは、「狂牛病には原因があり、その原因は1頭、2頭で起こるものではなく、牧場単位である。監視するため、抜き取り検査すればよいではないか」という主張です。確かに、牧場にしても、一部のウシに肉骨粉を食べさせることは非効率ですから、そんなことはしません。肉骨粉を食べさせるとしたら、牧場全体のウシに食べさせます。ウシを飼っているほうの論理からいっても、狂牛病が出たら、その牧場はつぶれてしまうので、原因がわかった時点で、牧場側は生焼け肉骨粉を使いません。

もちろん、食品を売るときにウソをつき、たとえば賞味期限が切れたものを売ったり、牛肉コロッケだといって豚肉が入っているものを売る、ということはありますが、それは法律違反です。法律違反が起こるということは、これは食品ばかりではなく、残念ながらどの分野でもあります。法律違反が起こるから危険であるといいますと、どのような食品も食べられなくなります。

正常に管理しているとき大丈夫と判断された状態を〝安全〟とすると、現在は、狂牛病の原因がわかっており、さらにその原因をとりのぞいたので狂牛病にかかるウシがいないということで安全です。また、狂牛病の牛肉を食べても狂牛病になった人はいないと今は考えられていますので、その意味で二重に安全です。

もちろん、管理する側の政府として、ときどき抜き取り検査をして調べるくらいのことは必要ですが、牛肉を食べると狂牛病にかかるのではないかと不安に思っている人は、これからは安心して、おいしい牛肉を楽しんでください。

ところで狂牛病の教訓を活かして安全な食を確保するには、「ウシの検査」をするのではなく、中国産の食料品の事故を防ぐのと同じように、「できるだけ外国から食糧を仕入れないことだと私は思います。食というものはその地方、地方で独特に発達してきたものが多く、衛生観念や体質も国によってかなり違います。よく、どこそこの国に行ったら下痢をしたという話を聞きますが、日本人にとって衛生的な環境ではないと思っても、その国の人にとっては普通の状態なのです。

「身土不二《しんどふじ》」という言葉があるように、「身《からだ》と土は二つにあらず」、つまり人間の体はその土地でできた食物で作られます。人間ばかりではなく、生物はその土地にある元素を使わないと体も生活もできません。ある地方には水銀が多いところもありますし、逆に重金属はほとんどない土地もあります。

ですから、生物は必要な重金属が少なければそれを別の方法で摂るようになりますし、重金属が多いところでは逆に体の外に排出しながら生活をすることになります。

私たちは栄養素としてタンパク質とかデンプン、カルシウムなどを習いますが、体の中で必要とするものは多種多様です。違う土地で採れたものは「珍しいもの」として時々楽しむことだけにして、普段は日本で採れるもの、それもできるだけ自分が住んでいるところに近い場所で採れるものを優先するのが大切と私は考えています。

次の章で整理しますが、環境に関心があるというお母さんで、ペットボトルの分別やレジ袋追放に熱心な人がおられますが、その一方では、お子さんに外国の加工品ばかりを与えていたりします。人によって環境に関する意識が違うのはよいのですが、私ならお子さんに与える食事こそ、レジ袋などとは比較にならないほど、家庭では重要なことのように思われます。

検証三 生ゴミを堆肥にする ➡ 判定 危ない

食品リサイクルは
頭の中だけで描いた幻想。
人体に非常に危険です。

生ゴミの堆肥は畑の栄養になる、は大間違い

著者は過去3回ほど、家庭科の先生方に講演をしたことがありますが、そのとき、「学校で出る生ゴミを安易にリサイクルしないでください。生ゴミの中には毒物が多く含まれています。もしどうしてもリサイクルする必要があったら、ぜひ、生ゴミの中の毒物を測定してみてください」と呼びかけました。

なぜ生ゴミのリサイクルは危ないのか、なぜ毒物を検出しなければならないのか、その理由をまとめたいと思います。

「食品のリサイクルをしよう」という呼びかけで、生ゴミの堆肥化が進んでいます。学校では「環境教育」の一環として、給食などの残り物を堆肥にしている場合もありますが、これは大変危険です。「環境教育」の名のもとに、完全に環境を無視した教育なのですから。

もともと物を大切にし、あまり食べ残しをしない習慣を持つ日本人が、なぜ生ゴミをリサイ

クルするようになったのでしょうか？

誤解の第一は、「食品リサイクル」という名前にあります。

多くの人が誤解していますが、「食品」は「リサイクル」できません。ペットボトルをリサイクルする場合、ペットボトルがペットボトルになると想像している人もいますし、ペットボトルにならないまでも、せめて卵用のトレイぐらいにはなるだろうと思っている人も多いでしょう。もちろん、リサイクルの能率や、リサイクルにどのぐらいの資源を使っているかといった、ややこしいことを考えなければ、ペットボトルは量は微々たるものでもリサイクルが可能ではあります。

リサイクルという観点からすると、優等生はアルミ缶で、使い終わったアルミ缶は、もう1回アルミ缶にすることができます。

アルミ缶がなぜリサイクルできるかというと、市中で使用されて汚れたアルミ缶は、技術的に「きれいにできる」からです。アルミ缶の会社から最初に出荷させるときには、アルミの純度もよくピカピカしたものですが、それに印刷をしてビールなどを入れて販売されます。さらに、回収するまでには鉄と一緒になったり、アルミと性質が似ている「土（シリカなど）」が入ります。こういった物質は、再びアルミ缶にするためには、いわば「妨害物質、有害物質」といってもよいのですが、これを具体的に除去する技術ができたからこそ、アルミ缶のリサイクルが可能になっています。

ところが、食品リサイクルというのは、食べ残した「食品」を、また「食品」として使えるわけではありません。みんな腐ってしまうので、食品を堆肥にして、それを畑にまき、それが作物の栄養となって次の食品ができると錯覚されています。

これは本当でしょうか？

作物は、種から芽を出し、空気中の二酸化炭素を吸って、根から吸い上げた水と太陽の光の助けを借りて光合成を行い、デンプンやセルロースを作ります。原料は、二酸化炭素、水と太陽の光です。

では、食べ残しの食品を堆肥にし、それを畑に入れると、野菜やお米は何を堆肥からもらうのでしょうか？

二酸化炭素は大気中のものですし、水は雨が降って土に浸みたものをもらいます。作物の「主要な成分」は、太陽の光からであって、堆肥から得るのではありません。

要は、堆肥から得られるものは、一般的な土の改良を別にすれば作物の体そのものではなく、堆肥に含まれている「微量成分」です。植物がＤＮＡを作るために使うリンや窒素、代謝などに利用するカリなどです。つまり、「本体」が利用されるのではなく、「少量でも肝心な成分」が利用されているのです。

ですから、「食品リサイクルをすると、捨てて燃やすはずの食品が利用されるのだから二酸化炭素の排出量が減る」というのは間違いです。食品が腐って堆肥となり、作物がそれを使うまでには、食品は分解されて二酸化炭素になり、その中にわずかに入っている「肝心な成分」だけが役に立つのです。

もちろん、「肝心な成分」ですから、堆肥は重要なのですが、食品全体の「リサイクル率」を考えると微々たるものです。「食べ残した100グラムのうち、99グラムは分解してしまい、わずかに1％くらいは使える」とも言えますし、「カロリーは失われてしまうけれど、リンやカリのようなものは使える」とも言えます。食品中に含まれるタンパク質や脂肪、デンプンは分解してしまいますが、それからできる有機化合物の一部と、リンやカリなどの元素が、植物の代謝に役立つということです。

とはいえ、食べ残すと100のうち99が使えないのですから、リサイクル率は、残り物を全部リサイクルしても1％以下ということです。

日本の生ゴミは有害物質だらけ

また、生ゴミのリサイクルにはやっかいな問題があります。それは生ゴミの中に「有害物質」が入ってくることです。

まず、普通の生活の中で使う電線や電池が入るようで、その他にも、蛍光灯が割れると生ゴミと一緒に出す人もいます。蛍光灯には鉛や水銀が入っていて、現在、日本での水銀の回収率は20％ですから、80％の水銀が、生ゴミなどに入って捨てられています。

この社会には数多くの家があります。それらの家庭は、いつでもしっかりもののお母さんがいるわけではありません。中には「面倒だ」とあまり分別に注意を払わない家庭もありますし、また普段はきちんと分別していても、何か事件があったり、時間がなかったり、また気分がクシャクシャして丁寧に分別することができないこともあります。「そんなことはけしからん」といっても、人間というのはそういうものです。そんなときにとんでもないものが生ゴミに入ります。悪意はなくても混じってくるのです。

そうして生ゴミの中に入った有毒な元素のその後の運命はどうなるでしょうか。

金属や毒物は普通腐らないので、そのまま堆肥の中に含まれますが、その量は食品の中に入っている「作物が必要とする微量元素」とほとんど同じような量です。見かけは少なくても、それを畑にまくと、かなりの量が蓄積されていくことになります。

さらに、電池にはイタイイタイ病の原因となったカドミウム、オモチャや塗料には鉛、ガラスにはさまざまな元素、そして蛍光灯が割れたときの水銀、こういったものが家庭の生ゴミに入りやすい毒物です。私が計算してみると、工業製品の平均的な毒物量は、規制値の４万50

00倍にのぼります。私たちが普通に使っているものは、ほとんど毒物が入っていると考えて差し支えありません。

ほかにも、自動車のバッテリーは「鉛バッテリー」というくらい鉛が電極として使用されていますし、テレビのブラウン管の奥のほう（ファンネルやネックと呼ばれる部分）には20％もの鉛が入っています。そんな毒物がなぜ使われているかというと、法律で「製品なら毒物は入ってよい」と決まっているからです。

ところが廃棄物には、毒物が入ってはいけないことになっています。工業製品は、使い方が決まっているので、毒物が入っていても事故にならないのですが、廃棄物は、どこにどのように混じるかわからないので、毒物の規制をしているのです。

その一つの証拠が「廃棄物貯蔵所から有害物質が出てくる」という事実です。もし、もともと私たちが使っているものの中に毒物がなければ、廃棄物貯蔵所から毒物が漏れるはずもありません。それが漏れて環境を汚すのは、私たちが捨てるものの中に、相当な毒物があるからです。

ですから、生ゴミにも必ず毒物が入っていると考えたほうがよいと言えます。自分の家で電線や電池が入らないようにしっかり管理したとしても、加工食品などは何が入っているかわからないので危険です。

また、やっかいなのは、堆肥の中に毒物が入っても検知も除去もできないので、そのまま堆肥になり、それが畑にまかれてしまうことにあります。有機物は分解され、利用されますが、中に入っている水銀やカドミウム、銅は分解されず、そのまま畑に蓄積されるという結果を招きます。

もし、生ゴミを毎年のように堆肥にして、それを畑にまくと、それらが蓄積し、何十年もたつと、どうしようもない畑になってしまうでしょう。自分の畑を毒物除去装置のない廃棄物貯蔵所にするのですから、おかしなものです。

私が家庭科の先生方に、生ゴミの処理について講演したとき、お聞きしてみると、学校の給食の食べ残しの中に、危険なものが入っているかどうか、測定した先生はおられませんでした。それを学校で堆肥として使っていけば、きわめて危険な学園になるでしょう。

生ゴミを堆肥にする歴史を持つヨーロッパの国では、家庭用の生ゴミや食料品店の生ゴミは、堆肥に使っていません。堆肥に使うのは、生産工程が決まっているもの、たとえば養鶏場の生ゴミなどを工業的に管理し、出荷段階で毒物の検査をしてから畑にまきます。畑は長い間使うものですから、自然からできた堆肥はいいのですが、工業的に作られたもの――たとえば日本ですと加工食品なども大変に多いわけで――そういったものを除去せずに、長い間、畑に投入していくのは非常に危険であるといえます。

食品リサイクルより食べ残しを減らすこと

しかし解決策はあります。しかもかなり簡単なことです。

まず、食品をリサイクルする前に、食べ残しを減らすことです。家庭では、できるだけ食べ残しを少なくすることですが、その調理法はよく研究されています。また、スーパーなど食品を売っているお店は、食べ物を常備することに力を入れるのではなく、時には「売り切れて品切れです」ということもきちんと伝えて、「うちの店では食べ残しを少なくするように努力しています」と胸を張って言うくらいにしたいものです。

もう一つ、世界では約8億人の人が現在飢えています。世界全体の食料を考えると、穀類が20億トンとれて、人口は65億人ですから、単純に割り算をすれば、一人当たり約300キロ弱になります。このくらいの量があれば、世界で飢える人はいないはずなのですが、現実的には、そうではありません。これは、日本のように、お金で食料を大量に輸入し、その半分を捨て、それで食品リサイクルなどをしている国があるからです。

したがって、考え方を変えて、できるだけ世界の人が自分の土地で食べるものを使い、食べ残しをしないようにすれば、生ゴミの食品リサイクルは自然と消滅し、生ゴミを堆肥にするという非常に危険なことも少なくなってきます。

ところで、少し専門的になりますが、農地の養分という点から、食品リサイクルを考えてみましょう。

農地には、窒素、リン酸、カリという成分が必要なのですが、このうち、日本の農地には窒素が極めて多くなっています。もともと食品の成分には窒素が多く、それが土の中にたまってくるのですが、日本は食料の輸入が多いので、食料中に入ってくる窒素が多い状態です。

普通は、畑にある窒素が食料の中に入り、その食料を食べて、また土に戻しますから、畑の窒素分は一定になるはずなのですが、日本のように、1億2000万人いる国が、食料を60%輸入して食品リサイクルをすると、輸入食品に入っている窒素が日本の畑にいくことになります。

そうでなくても、現在、日本の畑は窒素過多で、作物の倒伏やいろいろな病気の原因、水の汚染などを招いています。その上、食品リサイクルをしてさらに畑の窒素を増やすようなことがあれば、危険な状態を招くでしょう。

食品リサイクルで儲ける人々

しかしなぜ、これほど不合理な食物のリサイクルが進められているのでしょうか。

その理由は、ペットボトルや紙のリサイクルと同じく、「環境利権」で儲けている人がいるからに他なりません。次の章でリサイクルについて解説をしますが、今から10年ほど前に、「環境のためにリサイクルをしよう」ということになり、市民は分別して税金を払うことになりました。それで本当にリサイクルがされて、資源を節約し、ゴミが減ったのなら別ですが、事実はそれとまったく反対になりました。

それでも、業者や役人の一部の人は儲けたのです。

現在、リサイクル全体のうち分別回収に使われている税金が、自治体だけで５０００億円になりますから、国民一人当たり、一年で約５０００円です。環境をよくするためには一人５０００円ぐらいよいということで、多くの人が積極的に払っていますが、一説によると、この税金をもらう人は1万人程度、つまり、税金を払うほうは５０００円ですが、もらうほうは、一年に５０００万円ですからこたえられません。

また、この膨大なお金を管理するために多くの法人ができて、そこにお役人が天下りしています。なんのことはない、食品リサイクルという体のいい言葉を掲げて、世界で飢餓の人を増やし、畑を危険にし、さらに税金を払い、私たちは単に、一部の人の収入を増やしているだけなのです。

リサイクルにかかっている税金は、平成17年3月に中央環境審議会に提出された金額で詳しく公開されています。こうしたお金はリサイクルを制度化する前はなかったものですが、集まった金を懐に入れる人はずいぶん増えました。家電リサイクルでは、1台500円が4000円程度に、温暖化対策に使われるという税金や分担金は、4人家族で一年に10万円にも上ろうとしています（政府予算が一年1兆円を数年間。その他にODA1兆円、排出権2兆円などとして試算）。

人間は、額に汗して働いて、その範囲で生きるものですが、環境ビジネスの多くは、環境という名の下に市民が税金を払い、自分の仕事に協力してくれるので、それを当てにしているのです。

検証四 プラスチックをリサイクル ⬅ 判定 危ない

廃棄物には常に「毒物」が含まれることを認識する必要があります。

リサイクル品の「毒物含有」と「劣化」が危険

生ゴミのリサイクルが危険であることがわかったところで、他のリサイクル、特にプラスチックのリサイクルと、その危険性について整理をしておきたいと思います。

リサイクルは、環境を守る、資源を節約する、ゴミの量を減らしたりする環境にいいものと考えられていますが、基本的に極めて危険なものです。なぜかというと、今まで捨てていたものを再利用するからです。リサイクルをする前まで、私たちが捨てていたものはどこに行っていたかというと、廃棄物処分場へ直行していました。

廃棄物処分場から毒が流れるといって、よく大騒ぎになりますが、これはいわゆる廃棄物のゴミの中に危険物が入っているということを意味します。昔は、廃棄物はそのまま処分場に行っていましたから、一般の家庭の中に、廃棄物が入ってくることはありませんでした。ところが、リサイクルが始まると、ほかの人が捨てた廃棄物がリサイクル品になるのですから、その商品を購入すると、毒が家庭の中に入ってくることになります。

それが実際に起こったのが、2005年、岐阜県などで石原産業が起こしたフェロシルト事件です。

フェロシルトとは、石原産業がリサイクル製品として生産、販売していた土壌補強材、土壌埋戻材の登録商標です。これは、酸化チタンを製造するときにできた廃液を再利用して作った土なのですが、リサイクル品は環境にいいのだ、ということで、ろくに検査もせずにその土を使っていました。ところが、その土の中に、環境基準を大きく超える六価クロム、フッ素、ウランやトリウムなどが含まれていることが判明しました。

この後、「羹《あつもの》に懲《こ》りて膾《なます》を吹く」のたとえのとおり、工業的なリサイクルが非常に難しくなるという現象を生じたので、安全に処理できるものも、お役所がなかなか認めてくれず、困っている人たちがいます。

リサイクルだから安全だと短絡的に考えるのも、極端に怖がるのも、どちらも見当外れです。廃棄物には毒があるので、廃棄物を使用するときには科学的知識を使って、毒をよく検査してからリサイクルしなければいけないのです。

具体的な例をあげてみます。

まず、ガラスや電器製品を取り上げます。仮に、テレビのブラウン管をリサイクルしてコップを作ったとします。テレビのブラウン管は、パネルガラスとファンネルガラス、ネックという3つの部分に分かれていますが、中間部分のファンネルガラスには、鉛が22％含まれています（図表12）。このファンネルガラスを再利用してそのままコップにすると、コップの中に、22％の鉛が入ってくることになります。このように、ガラスの成分には多くの毒物が含まれているのです。

また、蛍光灯には水銀が含まれています。蛍光灯のガラス部分は、主には二酸化ケイ素、つまり土の成分が68％、ナトリウムが16％、カルシウムが8％というように、全体としてはあまり問題ないのですが、フィラメント部分には、鉛を7・9％使っていますし、蛍光体の中には水銀が含まれています。したがって、蛍光灯全体が壊れたときには、混ざったガラスの中から鉛や水銀を取り除くことは困難なので、そのまま捨てられています。

元素同士が混じってなかなか分離できず、リサイクルに支障を来してきたものが、スクラップ鉄の中に入ってくる銅です。銅は人間の健康にとってあまり悪くありませんから、鉄に銅が入っても、人体に影響があるわけではありませんが、リサイクルした鉄の性能を落とします。

鉄は、昔から「くず鉄の回収」といって、80年以上にわたってリサイクルを続けていますので、鉄の中に少しずつ銅が増え、現在では0・45％を少し超えた状態までいきました。これから先もリサイクルを続けて銅やスズが鉄の中に入ってくると、深絞り成形などの、かなり成

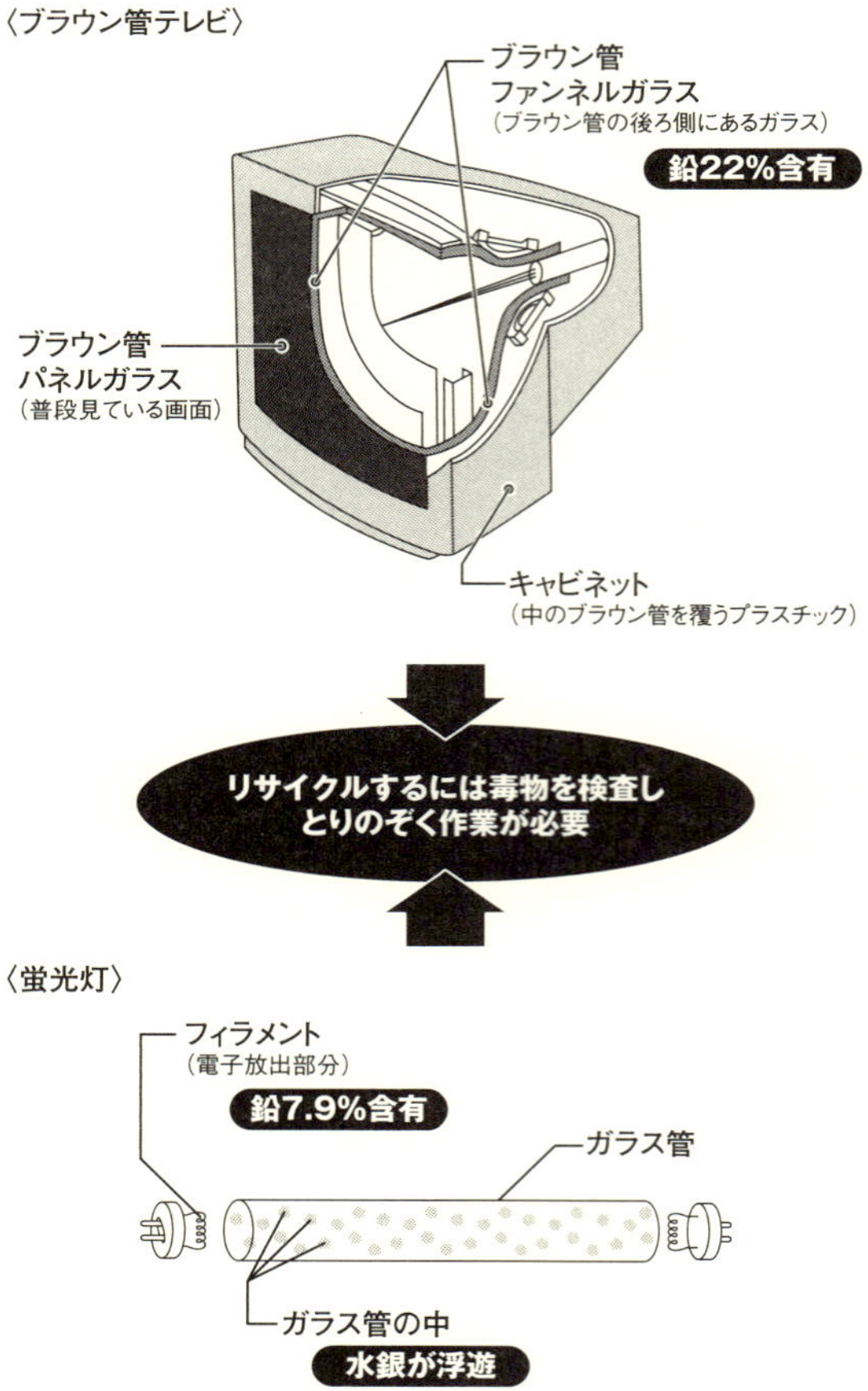

図表12　電器製品に含まれる毒物
（出所：武田研究室調べ）

形度の強い鉄は作れなくなると心配されています。

人間が使った鉄の中には銅やスズが入るのですが、天然の鉄鉱石にはそのような元素はあまり含まれていないので、これまでの鉄の製錬技術では除去しにくいという問題点があるのです。リサイクルは人間の願望です。一度使った物がもう一度使えるなら、それはよいことに決まっていますが、現実にできるかどうかとは、まったく別の問題です。リサイクル品の中には、様々なものが混ざってくるのは防げないということを、まず認識しなければいけません。

リサイクル率は高いほうがいいわけではない

これらのデータをもとにして、リサイクルすると、どのくらい毒物が入ってくるかについて、私の研究室で水銀を基準に計算しました。リサイクル中の毒物をまったく検出せず、除くこともしないで、ただリサイクルだけするといったときに、どのくらいの率でリサイクルすると水銀の許容濃度を超えるか、という計算です。

その結果、「有毒物質が蓄積しない」という条件では、リサイクル率の上限は8％でした。つまり、8％以上リサイクルしたものには毒物が許容値以上にたまってくることになります。毒物を50％くらい除くとどのくらいになるかというと、22％くらいのリサイクル率まで許されるようになります。

このように、リサイクルをするには毒物が混ざってくるので、入っている毒物を除くシステムが必要です。人間の血液の流れを見るとわかるのですが、血液は循環して、酸素や栄養素を細胞に運んでいます。心臓が鼓動すると動脈を伝わって細胞にいきます。細胞は活動しているので、血液を再利用します。つまり、静脈によって肺に戻ってくるのですが、戻ってきた血液をそのまま使っていると、毒物がどんどんたまるので、肝臓や腎臓で毒物を除きながら血液をリサイクルしています。この場合、動脈系の血液を使う側の全血流量が「1」に対して、浄化系、つまり汚れたものをきれいにするために必要な血流量は「3」になります。

これはリサイクルでも同じで、天然の材料を使って物を作るのは比較的簡単ですが、使ったものを再利用するとなると、数倍のエネルギーをかけて、リサイクル品から毒物を除かなければいけません。現在の日本のリサイクルで毒物を除いているものは、ほとんどありません。

ですから、なんでもかんでもリサイクルすればいいという考えも間違っていますし、「リサイクル率は高いほうがよい」というのも間違いであることがわかります。

危険とか安全という問題ではありませんが、リサイクル率の現実が具体的に現れたものの一つに、「紙のリサイクル」があります。詳細は次の章で整理しますが、大手の製紙会社が全社、リサイクル紙を偽装していたのは、コストや物流の問題だけでなく、１００％もリサイクルができるのは、「紙を何回使っても悪くならない」、「紙を繰り返し使っても有害物質が入ってこないか、除ける」という技術的なことが伴っていることが必要だったからです。

これは「リサイクル品の中に毒物がたまってくる」「鉄の中に銅が蓄積して除けない」というのと、基本的には同じ問題点にたどりつくのです。

検証五 洗剤より石けんを使う

判定 ⇦ よくない

動植物保護と環境のために
洗剤を活用しましょう。
石けんは肌の弱い人用に。

合成洗剤は適量なら問題なし

洗剤は石油から合成されるもので、少ない量でよく水に溶け、油汚れなどを落とすのに便利なので、石油製品が増える中で急速に普及しました。しかし、濃い状態のまま下水に流しますと、環境に大きな影響を与えます。たとえば琵琶湖のような閉鎖的な環境の中では、40年ほど前から、合成洗剤による汚染が目立つようになりました。

特に、初期の頃の合成洗剤に多く含まれていた「リン」が、生物の繁殖を盛んにしたために、藻などの生物が異常発生しました。そこから、合成洗剤の使用をやめて、粉石けんを使おうという環境運動に発展しました。

しかし、科学的には合成洗剤に特に問題はないので、数年後には科学技術庁が「適量なら問題なし」という安全宣言を出しました。滋賀県などの一部の県は、地元の要請もあって、「合成洗剤」ではなく、「リンを含む合成洗剤」の販売・使用を禁止し、工場・事業場からのリン・

窒素の排出規制や、農畜産排水及び家庭雑排水におけるリン・窒素の排出抑制等の条例を施行しました。

合成洗剤メーカーは、最初はリンを除くのに反対していましたが、そのうちに無リンの洗剤が開発され、さらに酵素タイプへと進展して現在に至っています。ですから、一口に合成洗剤といっても同じものではありませんし、合成洗剤が有毒だ、または環境を破壊するという結論は今のところ得られていません。

世間で言われていることと事実とでかなり違いますから、もう一度、繰り返しますと、「現在、市販されている合成洗剤を、適切に使った場合、健康に悪い影響があるとか、環境を著しく汚染する」ということは「ありません」。かなり前には、ハードタイプという問題のある合成洗剤もありましたが、現在ではほとんど市販されていません。

一応、公式で学問的な結果を示した後で、もう少し詳しく解説をします。

まず、「界面活性剤を使わずに、石けんを使おう」と言われることがありますが、この言い方は間違いです。合成洗剤も石けんも、ともに「界面活性剤」で、この界面活性剤という用語は、「油を水に溶けるようにするための助剤」という意味ですから、石けんも合成洗剤も同じです。

また最近では、「油」以外の汚れ――アカや糖など――を分解するために、酵素を含んだものも多くなり、総合的な洗浄力はさらに高まってきました。合成洗剤の性能がよくなることは結構なことですが、問題は、界面活性剤を使いすぎることにあります。適正な量がわからないので、使いやすい合成洗剤の場合は、使う量が多くなる傾向があるのです。

これは洗剤や電気洗濯機のメーカーにも問題があります。洗剤の容器に、電気洗濯機に使う量の目安が書いてありますが、洗濯物の汚れはいつも同じではありません。ひどく汚れていたり、油が付いていたりすると、その汚れや油を取り囲む分だけの合成洗剤が必要ですから、メーカーは「安全をみて」少し多めの量を書きます。洗濯をして汚れがきれいに落ちないと、消費者は洗濯機の性能が悪いとか、落ちにくい洗剤と錯覚をしますので、メーカーも洗剤の量を多めに書いてしまうのです。

もともと洗剤メーカーは、消費者が洗剤を多く使ってくれたほうが売り上げも増えるし、「よく落ちる」という評判も得られるので、多めに使ってもらったほうがよいと考えている、というくらいは、消費者も頭を回したほうがよいでしょう。

石けんのほうが環境にいい、はまったくの誤解

ところで、洗剤の代わりに石けんを使ったほうが自然にいいという錯覚の原因の一つが、洗剤は、必要以上に大量に使うのに対して、固体の石けんは少なめになるところにあります。最

近は、石けんも、粉石けんや液体石けんが主流になり、使う量は同じようになってきていますが、性能が違うので、合成洗剤のほうは汚れや油を落とすのに使われた以上の洗剤が残ることになります。

次に、「合成洗剤は石油を使って化学反応で作るから、〝化学物質〟だけれど、石けんは〝自然のもの〟から作られる」と言われることです。これもまったく違っており、厳しく言えば「ウソ」と言えます。

合成洗剤の原料には石油が使われますが、石油は大昔の生物の死骸が地下にたまった〝自然のもの〟で、現在の生物の死骸と、ほとんど成分は同じです。ただ、大量に製造する場合、今生きている動物や植物を大量に回せないので、過去にたまってできた石油を使っているだけです。また、合成洗剤も石けんも、ほぼ同じような化学反応を経て作られます。その意味では、合成洗剤も石けんも、ともに「化学物質」であり、合成とか天然という区別はありません。

第三に、これは合成洗剤を避けている人にぜひ知ってほしいのですが、合成洗剤は「大昔の生物の死骸」を使うのに対して、石けんは「今生きている動植物を殺生して原料とする」という事実です。

たとえば、石けんには牛脂やヤシ油（パーム）、その他の植物油などが使われますが、ウシもヤシも、共に生きています。「確かに石けんはウシを使っているが、それは肉牛を解体してからその残りを使う」とも言われますが、それは多くの人が、今は合成洗剤を使っているからできることで、もし日本人のほとんどが石けんを使うことになると、そのために大量のウシを殺生する必要が生じます。

つまり、「洗剤追放運動」というのは、「自分だけは環境によい生活をするために石けんを使うが、多くの人は洗剤を使ってください」と言っていることと同じですから、あまり意味のある環境運動ではありません。むしろ、肌が敏感で石けんのほうがよい人がいますので、肌が丈夫な人はできるだけ合成洗剤を使い、肌の弱い人が石けんを使えるようにするのが、「人に優しい」と言えるのではないでしょうか。

リンは有害物質ではない

最後に「リン」について解説をしておきます。

昔は、リンは洗剤の重要な成分でしたからかなり大量に使っていましたが、リンを使うと、それがプランクトンや藻の栄養になって異常発生するので、最近では、無リンかあるいはリンの量を減らしたものになっています。

ただ、「リンが環境を汚す」という表現は適切ではありません。正確に言うと、「リンは生物にとってとても大切なもので、リンがなければＤＮＡを作ることができず植物も動物も生きていけない、ただ、あまりに大量に一カ所に放出すると、そのリンを使って繁殖力の強い生物が大発生するので、生態系を破壊する」ということなのです。つまり、リンが「生物に毒になる」のではなく、「栄養になるので生物が増えすぎる」のです。どんなに環境によいものであり、生物にとって必要なものでも、度を過ぎれば人間には害になるという一例です。

もし「リンは毒物」と錯覚し、人間が自然界にリンがない状態を作るとしたら、すべての生物は死滅します。初めて環境問題に気づいた頃は、まだ理解が進まないのは当然ですが、環境問題が社会的な関心事になってから相当立ちますから、少しずつ正確な知識を身につけていくのがよいでしょう。

現代の日本人は、あまりに清潔に注意しすぎて、衣料も自分の体も洗いすぎだとも言われます。もし洗剤が気になって環境を守りたいと思うのなら、洗剤を使う量を数分の1くらいにして、汚れをよく観察し、汚れが落ちるギリギリの量を使うようにするのが、最もよい方法でしょう。

検証六 無毒、無菌が安全 判定⬅危ない

自然界にあるものが「毒物」になるかならないかは、すべて「量」の問題です。

人間が〝危険〟を感じる原則とは

私たちが環境に関心がある理由は何でしょうか？　純然たる思想的なものもありますが、最も大きな理由は、「自分自身、家族、そして子孫の安全のため」ということでしょう。自分の家族や子孫が、安全で幸福な人生を送るためには、もちろん、気温が急激に変わったり、暴風雨がしょっちゅう襲ってくるようでは困ります。その意味で、多くの人が温暖化を心配されています。温暖化したとしても、何の影響も受けなければ、温暖化は環境問題とは言いにくいでしょう。

毒物も同じです。「何百年にもわたって一人も健康障害を起こさない」ことを安全なものの定義とするならダイオキシンは「安全」になります。また、交通事故を考えてみると、日本で一年に約100万人も死傷者が出るのですから、人間の生活には危険はつきものであることがわかります。

もし、一年に１００人以下の人がかかる病気を心配していたら、交通事故の死傷者は約１００万人ですから、１万種類の病気にビクビクしなければなりません。そうなると、完全に人間の注意力の限界を超えてしまいます。

私たちはこの現代の社会で、本当に危険なものに集中して注意をしなければなりません。ダイオキシンの項目で整理をしましたが、私がダイオキシンをあまり注意しないよう訴えているのは、日本で今まで健康障害を起こしたこともないようなものに注意を向けていると、本当に危ないものへの注意がおろそかになってしまうからです。

安全を考えるときに、二つのポイントがあります。

第一には、頭に浮かぶ危険性が、どの程度のものかということです。交通事故を例にとりますと、一年間に約１００万人が死傷し、そのうち６０００人の人が犠牲になります。これほど多くの数の人が巻き込まれると、「自分もいつ交通事故に遭うかわからない」と思うものです。一方で、不意の災難に遭ったときに、「交通事故に遭ったようなものだ」とも表現します。つまり、人間はその社会で最も危険と思われるものを、だいたい感覚的に把握していて、それと無意識に比較して行動していることがわかります。

自分が感じる危険性というのは「何人が巻き込まれる」ということのほかに、一定の原則があります。

一つは、「昔からのものはあまり気にならない」ということです。その典型的なものが火事です。昔から災難というと、「地震・雷・火事・親父」と言われて、火事は災害の典型的なものでした。それは今でも変わらず、火災で亡くなる人は、年間2000人を超えていますから、犠牲者の数では交通事故に次ぐものです。そして新聞やテレビでは、毎日のように火災で犠牲になった人の報道がされています。でも人は、それほど恐ろしくは感じません。

もし、狂牛病やダイオキシンで毎日のように人が死んだら、とても不安で生きていけなくなるでしょう。しかし火災なら長い経験があるから、それほど怖くないのです。

次に「自分の意志でやっていることかどうか」、それとも「人の影響を受けるか」ということで、危険性の感じ方が大きく違ってきます。その典型的な例が「禁煙運動」です。

タバコを吸う人は、かなりの高濃度でタバコの煙を体の中に入れるので、ある程度、健康に悪い影響を与えると言われています。でも実際には、タバコを吸う人で禁煙運動に参加している人はそれほど多くはありません。自分自身がタバコを吸っているので禁煙運動に参加しにくいのでしょうが、本当は、タバコを吸う人自身が最も大きな影響を受けるのですから、率先して禁煙運動に参加するほうが自然だと思います。

それではなぜ、タバコを吸わない人が禁煙運動をするのでしょうか？　それは「自分の意志でやること」に対して、「人の影響を受ける」ほうが1000倍ほど危険を感じるからです。

タバコを吸わない人は、タバコを吸う人と比較して、1000分の1以下の危険のときに、心理的には同じ危険を感じるとされています。

最近では、直接的にタバコを吸うより副流煙のほうが危険と言われていますが、私はその論文を読んでみて、結論に少し疑問がありました。それまで言われてきたように、タバコを吸う人に比べて、タバコを吸う人の横にいる人の危険性は40分の1程度、というのが妥当な科学的な判断と思います。つまり、タバコを吸う人に比べると、吸わない人はそれほどの危険はありませんが、人がタバコを吸うことによって、ちょっと（1000分の1以上）危険があると、イヤだと思う人間の心理が働くのです。

自分の周囲にある危険をどのように感じるかについては、心理学的、科学的な研究の対象ですが、先のような見方を日常生活の中で応用すると便利です。たとえば、タバコは危険かどうかを考えてみると、タバコを吸う人が平気で吸っている限り、タバコはそれほど危険ではないことがわかります。「自分の意志か否か」ということは、気分の問題としては大切ですが、現実にどのぐらいの危険性があるかということとは関係がありません。ですから、自分の意志で何かをやっている人がいれば、その人の判断力さえ信用できれば、危険は少ないということになります。

有害かどうかは物質ではなく量で決まる

安全性の第二のポイント、特に有害物質という点では、この世には「毒物」とか「栄養」といったもの自体、存在しないと考えたほうがよいでしょう。

たとえば、水銀はきわめて危険なものとされていますが、最近の研究では、明らかに人体には必要なもので、体のどこかで微妙なバランスを保つのに役立っているようなのです。これはまったくの想像ですが、水銀は若干、神経系に影響を与えますから、水銀が不足してくると憂鬱気分になるということがあるかもしれません。人間の気分は極めて微妙な神経の伝達によって決まりますから、気分が優れないとか落ち込むなどということは、微量な金属元素が関係している可能性もあるのです。

しかし、現代の科学では、そこまでのつながりは解明できていません。自分が住んでいる近くで採れる食物を食べ、そこから得られる元素や化合物で自分の体を作り、代謝や神経伝達をコントロールしていることだけがわかっているのです。

私は、個人的には、放射線もダイオキシンも人体には必要なものと考えています。それは大昔から私たちの先祖の身のまわりにあったものは、それが必要か、あるいは私たちの体の中に防御するシステムができているはずだからです。

問題は、水銀、ダイオキシン、そして放射線そのものが危険なのではなく、「量」の問題です。私たちが昔から採ってきた水銀、ダイオキシン、そして放射線は、その状態で最もよい環境になっているはずです。それが本来の「環境」というもので、その中で人間も生物も生きてきたのです。

けれども、いわゆる毒物の「必要量」はあまりに少ないので、現代の科学ではその量を明らかにできません。量が明らかにできないということと、「いらない」ということは別の話です。ですから、私は水銀やダイオキシン、放射線を極端に避けることは、むしろ動物的に危険な方向に向かっているのではないかと考えます。

たとえば、生まれたばかりの赤ちゃんは、ある程度の細菌などに積極的に接していくことで、体の中に免疫を作っていきます。特に誕生後数カ月の間は、お母さんの免疫が残っているので、それを利用して自分自身の免疫系を構築します。もし人間や他の生物が自ら身を守る術を覚えなければ、たちまち死んでしまうでしょう。

私は長い間、材料の生物的修復の研究をしていましたが、その過程で、生物とは、継続的に有害物質に接し、それに対する防御をしておかないと、防御系がリストラされ、体内に残らずに、そこを襲われるとひとたまりもなくやられてしまう例を数多く見てきました。

我々の科学は、どれが毒物、どれが栄養などとはっきり分けられるまでには発達していません。むしろ問題は、新しく科学の力で作られるものの中で、もともと自然界になかったものや、自然界とは隔絶して多い量で接するもののほうが危険なのです。

そういう意味で、私には放射線より蛍光灯の光のように自然界にないもの、ダイオキシンのように昔からありふれたものより、人工的なものを含むナノテクノロジーを使った化粧品のほうがはるかに危険と感じられます。

第三章　このリサイクルは地球に優しい？

検証一 古紙のリサイクル 判定 ⬅ よくない

リサイクルすればするほど森林は荒廃します。
自然の利用法を再考しましょう。

紙のリサイクル幻想はどこからきたか

2008年正月早々の紙のリサイクル偽装事件は、多くの人に衝撃を与えました。これまで「100%リサイクル紙」とか「リサイクル紙を40%使用した年賀状」といったものが、実はまったくのウソと発覚したからです。100%リサイクル紙と書いてある箱に入っている紙は、50%しかリサイクル紙が入っていなかったり、リサイクル紙40%という年賀状には1%――入っていないのとほとんど同じだったりしました。

年賀状は日本の伝統的な行事ですし、新春早々、年賀状に書いてあることがウソでは縁起も悪く、一年の初めとしては最悪です。ちょうどそのとき、私はある市長と一緒にテレビに出演しましたが、「環境を大切にする」といつも言っておられるその市長は、私に「100%リサイクル紙」と書いてある名刺を渡しながら、「この100%リサイクルというのは違います。偽装ですね」と申し訳なさそうに言いました。本来、名刺に書いてあることはそのまま信じてよいのが当たり前です。ところが、そこに書いてあることがウソなのですから、その人の信用をも落としてしまうのは確実です。

食品と紙を同列に扱うことはできませんが、この紙の偽装は、有名な伊勢の「赤福」の賞味期限偽装の直後でもあり、「またか！」と、社会に与えた影響は軽くはありませんでした。赤福の偽装は、もちろん褒めたものではありません。しかし赤福も食中毒の患者さんが出たわけでもなく、またこれまでの伊勢への貢献度から見ると、大きな事件として扱うのは、少しかわいそうな気もします。もし、偽装に「重い、軽い」があるとしたら、この紙の偽装ほど重大な偽装はないでしょう。何しろ、環境に貢献しているフリをして、日本中を数年の間、だましていたのです。

それなのに、社会はあまり厳しく追及もせず、赤福は営業を自粛したのに、製紙会社は社長が辞めるぐらいでことが済んでいます。弱いものが厳しく罰せられ、強いものは逃げられるのは、あまり感心した社会ではありません。

製紙会社がリサイクル紙を少なく入れた原因は、国際的な物流や技術的な問題でしたが、加えて「１００％リサイクル紙は資源をかえって多く使う」とも発表され、これまで紙のリサイクルを熱心にやっていた多くの人に、ショックを与えました。毎日、子供も一緒になって紙のリサイクルを進めていた方もおられたでしょう。私の周囲でも、私の研究室でリサイクル紙を使っていないので、「何を考えているんですかっ！　紙のリサイクルが大切だってことがわからないのですか！」とくってかかってきた方もおられました。その方は真面目な方でしたが、その人ご自身が使っておられた紙が、リサイクル紙ではなかったのですから、まったく人を裏切るのもいい加減にしてくれと言いたくなります。

ところで、法律に基づいて行われている現代の紙のリサイクルは、政治的な選挙の票とかお金にも関係して始まったのですが、ここでは、もっと本質的な点から解説をします。

紙は多くの工業製品のうち、「自然から取れるものを原料にする」という珍しいものです。つまり、石油や石炭、鉄鉱石など多くの資源は地下から掘り出すのですが、紙だけは今でも森林の樹木から作ります。石油産業が全盛だった頃、「石油から作る紙」がもてはやされたことがありましたが、石油の枯渇が心配されている現在では考えられません。

また、少し感じが違いますが、太陽電池は環境によいものと考えられています。太陽電池がなぜ環境によいかというと、石油や石炭を使わずに太陽の光で電気を起こすからです。つまり、地下に埋蔵された資源を使うより、毎日の太陽の光の恵みでできるものを使おうというのが現代の社会の共通した考え方になっています。

その点では、紙（新しい紙）は毎日の太陽の光で生育する樹木を原料にしますから、とても環境によいものといえます。

ところが、現実をまったく無視した環境運動が起こり、「紙はリサイクルしたほうが環境によい」ということになってしまいました。錯覚とは恐ろしいものです。この錯覚の出所は「紙を使うと森林が破壊される。アマゾンの森林は環境を守るのにとても大切なのに、どんどん減っている」という情報によっています。でも、この理由は二つとも違います。

紙を使っても森林は破壊されない

まず、「紙を使うと森林が破壊される」ということですが、基本的に、人間は自然のものを使わなければ死んでしまいます。私たちが食べるお米やパン、牛肉から卵まで、すべて「他の生物の命をいただく」ものです。ですから、「自然のものを使う」というのが「自然を破壊するからやめるべきだ」となると、私たちの生活は立ちゆきません。

もちろん、自然を利用するのは一つの制約があります。それは大昔から現代に至るまで同じですが、「新しく成長する範囲で使わせていただく」ということです。お米や麦は一年草ですから、その年にできたものしか使えませんが、一部の魚や動物などは、捕りすぎると絶滅してしまうことがあります。

その一つの例が、アメリカ大陸に6000万頭がいたと推定されているバイソンです。アメリカ大陸に白人が上陸するとバイソンの肉を食べ、ひどい例では、「舌《タン》だけが欲しいから」といってバイソンを撃ち殺し、舌を抜き取って、あとは捨てていくとか、スポーツとして列車からライフルで撃つということもありました。

そんな勝手なことをしたので、あれほどアメリカ大陸の草原を闊歩していたバイソンは急激にその数を減らして、一時は絶滅の危機に追い込まれました。幸い、保護運動が功を奏し、現在ではかなりの数のバイソンが国立公園などに保護されていますが、これが人間の欲望が膨らみすぎて自然を破壊した典型的な例です。

森林も、かつては乱伐が行われたこともありますが、最近では犯罪的な例外を別にすると保護はかなりしっかりと進められています。日本も含めた先進国の森林は、計画的に植林される「人工林」が約半分、それに自然のままに育てる「自然林」が半分程度です。自然と人間の関係を知らない人は、「全部、自然林にすべき」と言いますが、もしそのような考えを人間の社会に適応しますと、畑もなし、ウシやブタもダメ、魚もとれないことになりますから、人間は全滅します。そんな議論をしても意味がなく、問題は自然を破壊しないでどの程度、利用できるかということになります。

森は自然林でもある程度、人間の手を入れたほうがよいことが知られていて、その意味では人工林を増やしても問題はありません。人工林では植林してからだいたい40年ぐらいたつと伐採して、その樹木を材木や紙などにして利用するのですが、その間に間伐、枝打ちなどをして森林を健全に保つことが行われます。

特に先進国では、森林の計画的利用が進んでいますから、産業で森林が破壊されるというのは、はっきり幻想だと断定してよいでしょう。

『廃棄物とリサイクルの公共政策』という山谷修作氏の本が平成12年に出ていますが、この本で紙の専門家が次のように言っています。


林産品工業の一つである製紙産業が、その存在の源泉である森林を荒廃させることは、自己破壊に他ならない。……（中略）……世界の何処かで製紙産業が掠奪林業を行っているという「真実」は、日本の市民運動家が勝手に考え出した想像の産物に過ぎない。


ちょっと表現が難しいのですが、ここに書かれているとおり、製紙業界のように、長い間、森林を使うことが自分たちの会社にとっても大切な産業が、自ら利用し、原料を確保しなければならない森林を破壊することは絶対ありません。そんなことをしたら、森がなくなって自分の仕事がなくなってしまうからです。

製紙産業は森林の利用は非常に慎重で、むしろ一般の方々より、森を守るという点では神経を使っています。しかも、製紙業界はほとんどが大会社ですから、よく計画し、自分たちの会社が長く、安定的に資源がとれるように工夫しています。したがって、製紙業界が森林を破壊するのは、この本に書いてあるように架空に作られた話であって、本当の話でないということです。

紙を使っても森林は破壊されない、そして森林は太陽の光で樹木が生育した量だけ人間が活用したほうが、かえって健全な森林を作ることができる、ということですから、「(リサイクル紙ではない)新しい紙を使う」のが、最も環境によいことがわかります。

紙の消費量が増えたときにすべきこと

ところが、日本の森林からとることのできる紙の量は500万トン程度だったのですが、高度成長期に紙の消費量が増えて日本の森林ではまかなえなくなりました。そのとき、二つの選択肢がありました。

一つは、日本の樹木が不足するので外国の森林を使うという方法と、もう一つは足りないからリサイクルするという考えです。

ここでも「自然の利用をどのように考えるか」という基本問題が問われます。

森林が破壊されない限り、森林を利用したほうがよいと考える場合、外国から木材チップやパルプを輸入するのがよいでしょう。先進国では国土面積に対して森林の面積が大きい国が3

カ国あります。日本、スウェーデン、そしてフィンランドです。日本は人口が多く紙の消費量も多いのですが、たとえばフィンランドは日本のおよそ20分の1しか人口がありませんから、一人当たりの紙の消費量が同じでも、日本の20分の1しか使わないので、森林の生育量が消費量を上回ります。事実、スウェーデンでは2000年に森林の生育量が9500万立方メートルだったのに対して、利用した量が7000万立方メートルで、実に2500万立方メートルを捨てた、と北欧森林協会はデータを発表しています。つまり、まともな自然の利用が進んでいない状態にあります。

このように考えれば、日本の森林から紙を製造した後、足りなければ森林の生長が多い国から輸入するというのが最善のように感じられます。それでも心配なら、森林利用のガイドラインを引いて、人工林が傷まないよう伐採を制限する方法もあります。

もう一つは、紙をリサイクルするという方法です。一回使った紙をリサイクルすれば、森林からの紙の不足を補えます。では、紙のリサイクルとはどういうことなのでしょうか。

一般の人が使った紙や事務所でコピーに使ったものは、使い終わると廃棄されます。その紙をリサイクルするためには紐でくくって、まとめてちり紙交換か古紙を集めるところに持って行きます。そこからトラックで運搬し、製紙会社でプラスチックや金属類を分別し、さらにインクなどのやっかいなものを取り外して紙の原料にします。紙は学問的に言えば「高分子」というものでできていて、私たちの体やプラスチックとほぼ同じものです。ですから、何回か使うと、基本的には劣化、つまり弱くなってきます。

私たちが気に入ったシャツを長い間着ていると、だんだん繊維が弱くなってやぶれやすくなるのと同じで、紙もボロボロになっていきます。それでも普段使っている分にはそれほど傷みませんが、インクを抜いたりするのに強力な薬品を使いますし、プラスチックでコーティングなどをしていると、それを外すときさらに劣化します。よく使った紙は3回もリサイクルするとボロボロになり、新しい紙でも5回ぐらいしか繰り返しは使えません。

また、紙の多くは情報の伝達のために使われますが、情報は細かくなればなるほど情報量が増えます。「日本人は白くてよい紙を欲しがる。もっと品質が悪くてもよいはずだ」という意見がありますが、紙の質を落とすと、細かい文字や画像などが見えにくくなることからもわかるように、情報量が減りますので、同じ情報を得るのに結局、大量の紙がいるという悪循環に陥ります。

それから、リサイクルのときに使う物は石油が主です。市中から古紙を回収してくるときでも、工場へ運んで夾雑物《きょうざつぶつ》を除き、さらに漂白などをするときでも石油を燃やして、熱を発生させなければ何もできませんし、薬品も多く使います。その薬品を安全に捨てられるように処理するにも廃液処理に多くの石油を使います。リサイクルを神様がやってくれるなら別ですが、人間がするのですから石油に頼らなければならないのです。

紙のリサイクルがいかに環境を汚すかがわかっていただけたと思います。こんな不都合なことをしていたのですから、破綻するのは当然で、それが２００８年の正月の紙の偽装事件で明るみに出たのです。

検証二 牛乳パックのリサイクル 判定 ⬅ 意味なし

ちりも積もれば……は通用しません。
リサイクルの実態も
かなり怪しいものです。

牛乳パックは紙全体の消費量の0・3%しかない

今でも、牛乳を飲み終わると牛乳パックを開いてきれいに洗っている方も多いかもしれません。そこからプラスチックをはがして、リサイクルに出するという方もいるでしょう。紙のリサイクルは意味がないと先に触れましたが、多くのリサイクルの中でも、牛乳パックのリサイクルは、環境を守るためにできること、というエコライフの象徴の一つでしたから、実際に意味があるかどうかを、具体的にみていきたいと思います。

結論から言ってしまうと、牛乳パックのリサイクルは、環境という意味ではほとんど意味がありません。その理由を簡単にまとめておきます。

牛乳パックのリサイクルがあまり意味がないのは、第1に「量」の問題です。日本の紙の消費量は、リサイクルが始まって急激に増えて、現在では年間3000万トンにも達します。少し前といっても40年ほど前ですが、日本人は日本の森林からとれる紙で我慢していました。そのころの消費量は、年間５００万トン程度でしたから、今と比べると６分の１くらいです。そのころ、私は高等学校に通っていましたが、まだ「紙を大切にしよう」という気持ちをみんなが持っていました。

しかし、日本は急激に発展し、それに伴って紙の消費量が３０００万トンまで増えました。そんな中で、牛乳パックに使う紙はそれほど多くなく、約40万トンにしかすぎません。それに加えて、牛乳パックは、開いたり洗ったりしなければなりませんから、たとえば２００６年の実績では、牛乳パックの消費量の４分の１である23・２％（10万トン）が回収されているにすぎないのです。つまり、一所懸命になって牛乳パックをリサイクルしても、紙の消費量が３００万トンですから、10万トンというと、わずか０・３％、つまり３００分の１にしかならないということです。

このような話をすると、「ちりも積もれば山となる、と言うじゃないか、少ないからといってリサイクルしなければなにもできない」と反論されます。けれども、意味のないことは意味がないと認める勇気を持たないと、本当の意味で環境を守ることはできません。

もし、あるお母さんがパッパパッと手早く台所を片付けるとして、その途中に、牛乳パックを２分で開いて洗い、分別して袋にしまうとします。私も実際にやってみましたが、２分で全部終えるのはかなり大変でした。もし、牛乳パック以外の紙製品も同じように手間をかけて分別したとすると、消費する紙の半分をリサイクルするには牛乳パックの150倍の紙をリサイクルしなければなりませんから、300分、つまり5時間かかることになります。

もし、その家庭で二日に一度、牛乳パックをリサイクルすると、一日に2時間半は紙のリサイクルに時間を割かないと、紙をリサイクルするという現実的な量にはならないことがわかります。でも、実際にはリサイクルするのは紙ばかりではありませんから、紙のリサイクルだけで毎日2時間半もかかっていたら、生活を快適にすることはとてもできません。

家を掃除するときに、大きなゴミや汚れがひどいところは掃除をすればきれいになりますが、部屋の隅に少しだけある汚れをとろうと10分もかけていたら、いつまでたっても部屋はきれいにならないのと同じです。3000万トンも使っている紙なのに、10万トンをリサイクルするのは、それに要する時間なども考えれば意味はありません。

意味がない行為は意味がないと認める勇気を

とはいえ、家庭を預かる人が、紙の消費量や牛乳パックがどのくらい使われているか、それを実際には何万トンリサイクルできるかなどを調べることは時間的にもできません。ですから、専門家が「できないものはできない」と勇気を持って事実を話すことが大切です。でも、現代の社会は専門家の腰が砕けていて、みんなが希望することを言えば人気が出るので、事実と違うことでも平気で言うようになりました。私の言う「日本人の誠」がほとんどなくなってきたのです。

さらに悪いことに、あまり名指しはしませんが、大きな販売店が「牛乳パック・リサイクル運動」を推進していました。この販売店は「消費者のため」という看板を掲げ、「安全、安心な食の提供」などとも言っていましたが、大型の食の問題を引き起こしています。人は口ではなんとでも言えますが、自分を信用してくれている人を裏切ることは、すべきではありません。まして「リサイクル」のように一見して「善意」と受け取れることを利用して、専門家が人をだますのですからひどいものです。

ところで、牛乳パックをはじめとした紙のリサイクルでいちばん問題なのは、やはり「子供をだました」ことにあると思います。

私たち大人は、よく子供に「勉強しなさい！」と叱りますが、それは「私たちが正しいことを教えるから、それを勉強しなさい」ということであって、まさか「間違っていることを教えるから、勉強しなさい」という意味ではありません。

紙のリサイクルは、環境を守るという点ではまったく間違った方法で、それを延々と子供たちに教えてきたのですから、現代の先生や親も罪作りなものです。

私は少し前まで名古屋大学で材料や環境の講座を担当していましたが、研究室に入ってくる学生に環境の勉強をさせて数カ月たつと「環境とは何か、紙のリサイクルとは何か」を知ることになります。そこで例外なく、学生はがっかりします。それはこれまで小さい頃から紙のリサイクルをしてきて、それが無駄だったからがっかりするのではありません。あの尊敬していた学校の先生が、自分にウソをついていたのだとわかって愕然とするのです。

子供の心は純情です。尊敬する先生が自分にすすめてくれたことをそのまま信じて行動します。先生は、文部科学省が「リサイクル紙でなければ補助金を出さない」と言うから、それをそのまま教え子に伝えていただけなのですが、お金がもらえるからといって、こともあろうに、学校の先生が、純真な子供たちの心を踏みにじってはいけません。

学校の先生や大人は、「政府や製紙会社がだましたから」とか「生協が運動をしていたから」といった言い訳をしてはいけないと思います。私は長く教師生活をしてきましたが、教師というのは難しいものです。人に教える立場の大人たちは、よくよく考えて「教わる側の人」が「教える人が言ったこと」を、そのまま信じてもよいことを言わなければならないからです。「見かけ上、正しいこと」「テレビや新聞で言っていること」をそのまま教えてはいけないことは言うまでもありません。

これから私たちは、自分たちの行動を含め、牛乳パックのリサイクルに代表されることで傷ついたり、大人に不信感を持った子供たちの心を直していかなければならないと思います。

検証三 ペットボトルのリサイクル ⬅ 判定 よくない

生ゴミと一緒に燃やしましょう。
消費自体を減らし、買ったら
何度も使うことです。

ペットボトルを燃やしても有害物質は出ない

ペットボトルは軽く、割れにくく、資源の使用量も少ない、庶民にとってすばらしい容器なのですが、いつの間にか、悪者に仕立て上げられてしまいました。数ある容器の中で、ペットボトルだけがなぜ環境に悪いかなどの問いはなく、とにかくペットボトルは環境によくないことになっています。「かさばる」とか「使い捨て文化の象徴」などとも言われますが、どんなものでも、メリットとデメリットの比較をすることで、それが社会にとって大切なものかあまり望ましくないものかが決まります。

たとえば、自動車を考えると、一年間で約100万人もの人が、交通事故で負傷したり犠牲になったりするのです。それだけ見ると、「自動車は町を走ってはいけない」ことになりそうです。しかし、なんといっても便利なので、その犠牲は目をつぶろうということで、「自動車追放運動」などは起こっていません。

では、ペットボトルのメリット、デメリットはどうでしょうか。

ペットボトルのお茶ができたことによって、女性のお茶汲みが減りました。会議に行くと席上にペットボトルのお茶が置いてあります。その分、お茶汲みをしていた女性たちは、仕事がはかどるようになったでしょう。また、主婦は、油やしょう油を買うときには、割れやすくて重たいビンを持って行かなければなりませんでしたが、今では必要なときにスーパーで油を買い、それをレジ袋に入れて持って帰ることができます。ペットボトルは仮に鉛筆のようなとがったものが当たっても、少しの高さから落としても割れないというすばらしいものです。

工業製品が開発されたことによって、社会はよくなるのが普通です。たとえば、アルミ缶のビールが誕生して、それまで重いビールビンのケースを配達していた酒屋の丁稚《でっち》さんがいなくなりました。彼らは一日中、重たいものを運搬するので、まだそれほどの歳にならないうちに腰痛で苦しんだものです。

最近の環境運動は、終始一貫、「強い者の見方」ですから、重たいビールを運んでいた人、寒い冬の日でも朝早く起きてかじかむ手で牛乳を配達していた人のことはすっかり忘れて、ビールを飲む人、牛乳をいつも自宅に配達してほしい人のことだけが頭にあるようです。環境とは「優しい心」がなければダメで、いくら地球に優しくても、身近で大変な思いをしている人に厳しくてはどうにもなりません。

ところで、ペットボトルが悪者に仕立て上げられた一つの原因に、「ペットボトルを燃やすと有害物質が出る」という根も葉もない宣伝がありました。ダイオキシンの毒性にあまり気をつけなくてよくなった今でも、「ペットボトルは燃やせるんですか、有害物質が出るんじゃないですか」と質問する人がいますが、これはまったくの間違いです。プラスチックを燃やしたからといって有害物質が出るわけではなく、「どんなものでも、有害物質が出るような条件で燃やせば、有害物質が出ることがある」というのが正しいのです。

プラスチックというのは工業的に作った材料ですが、学問的には「高分子材料」と呼ばれます。鉄や銅のような金属よりずっと歴史が浅いので「高分子」という名前はまだなじみがないのですが、木材や紙、人間の体、鶏肉などと同じように、材料を示しています。

こうした高分子は燃えやすいので、燃やして二酸化炭素と水にすることができますが、それには、十分な酸素と熱が必要です。燃やしてもブスブスと燃えるようでは、猛毒の一酸化炭素や中途半端に分解した有毒物が出ます。普通なら800℃もあればよいのですが、特別に分解しにくいものもあるので、1000〜1200℃程度にすれば、まったく問題はありません。

ものを燃やすと有毒物質が出ると言われます。確かにある程度は出るのですが、それは密閉した住宅で、十分な酸素が供給されず不完全燃焼したときに起こることです。すでに日本の住宅は密閉されているので、火災のときも昔のように焼け死ぬというよりも一酸化炭素の中毒で犠牲になることが多いのです。不完全燃焼で一酸化炭素が出るのは、プラスチックだからとか木材だから、鶏肉だからということではなく、高分子ならどれでも同じです。

その中で、ペットボトルはポリエステルという高分子でできているので、材料の中に酸素がかなり含まれています。分解も容易なので、非常にきれいに燃えるプラスチックの一つです。高分子材料の中には、ススが出るものや、燃え残りの炭化物が出るものがありますが、ペットボトルはほとんど何も出ず、きれいに燃えます。

ペットボトルの円筒形は、資源節約の優等生

ペットボトルが悪者にされたもう一つの原因は、かさばるので、「資源をムダ使いしているではないか」という錯覚があるからです。

ペットボトルは形が円筒形ですから、体積に対して表面積が小さいので、資源という点では優等生です。中学校のときに習った、球や円筒の体積や表面積の出し方、長方形の面積の計算を思い出してください。

たとえば、ある量の液体を入れるのに、いちばんいい容器の形は何かというと、理論的には「球」です。球は「体積が一定なら、球が最も表面積が少なくてすむ」からです。水の量は「体積」が多いほうが多く入りますし、その水を包むためのプラスチックは「表面積」が小さ

いほど、使う量が少なくてもいいからです。

そして、「球」の次が「円筒形」です。ボールのような「球」を使ったときの表面積を基準に1・0としますと、ペットボトルのような円筒形では、表面積が1・6倍、詰め替え容器のような四角い平面の形は8・3倍にもなります。

もしペットボトルを資源のムダ使いというなら、中学校で何のために算数を勉強し、面積や体積の関係を学ぶのか、その意味がわかりません。勉強したものは実際の生活に使って初めて役立つものですから、算数が算数だけに終わらないようにしたいものです。

もちろん、「よいこと」は、それ自体が別の面では欠点になります。

ペットボトルは軽く丈夫なので、一度ぐらい使っても弱くなりません。「軽いのに大量の水などをためておける」ので「省資源」になっているのですが、その反面、省資源とは軽いということですから、「かさばる」ことになるのです。せっかく努力して省資源にしているのに、今度はかさばるといって文句を言われるのですから、ペットボトルの立場からすれば、憤懣《ふんまん》やるかたないでしょう。

これはある意味、レジ袋と同じです。レジ袋の場合も、せっかく捨てていた石油を有効利用したので、ほとんどタダで、買い物袋としてもゴミ袋としても使われるようになりました。タダでくれるから使い捨てするのに、それを非難されるのですから困ったことです。そんなに

「省資源」や「環境」の意識が低ければ、何をやってもうまく行かないでしょう。むしろ市民は、そのことはよくわかっているのですが、ペットボトルのリサイクルやマイバッグで儲けようとしている人が、錯覚を起こさせているだけです。

ペットボトルは生ゴミを燃やすエネルギーにもなる

また、別の見方からペットボトルの効用を考えてみます。

日本の家庭から出される生ゴミは、1キログラム当たり400キロカロリーの熱量を持っています。でも、生ゴミには野菜クズや魚の食べ残しなどがあって、確かに熱量は持っているのですが、水分も多く入っているので、なかなか燃えません。おそらく読者の方も、台所から出るゴミをマッチで燃やしてくれと言われても自信がないと思います。

生ゴミを燃やすには、1800キロカロリーは必要ですから、ゴミの持っている4～5倍の熱量までもっていかなければなりません。しかも、そのゴミを燃やして発電できれば、環境にもいいことになりますが、発電するとなると、さらにカロリーが必要で、だいたい2500キロカロリーは要ります。現在の家庭から出るプラスチックや紙をほとんど生ゴミと一緒に混ぜると、それくらいのカロリーになりますから、ゴミにもう一度働いてもらうためには、生ゴミにプラスチックや紙を混ぜたほうがよいというのが合理的な考え方です（図表13、14）。

一般廃棄物の種類	都市ゴミの割合(%)	発熱量(kcal/kg)	徹底リサイクルした場合の発熱量(kcal/kg)	すべて廃棄した場合の発熱量(kcal/kg)
紙	37	3,160	1,169	1,169
厨芥《ちゅうかい》(生ゴミ)	27	930	251	251
繊維など	4	3,900	0	156
草木	5	1,570	79	79
プラスチック	12	7,260	0	871
不燃物	15	0	0	0
合計発熱量	---	---	1,499	2,526

図表13　都市ゴミの焼却熱
(参考：都市のゴミデータ(東京都、1990年代)、
発熱量は武田研究室調べ)

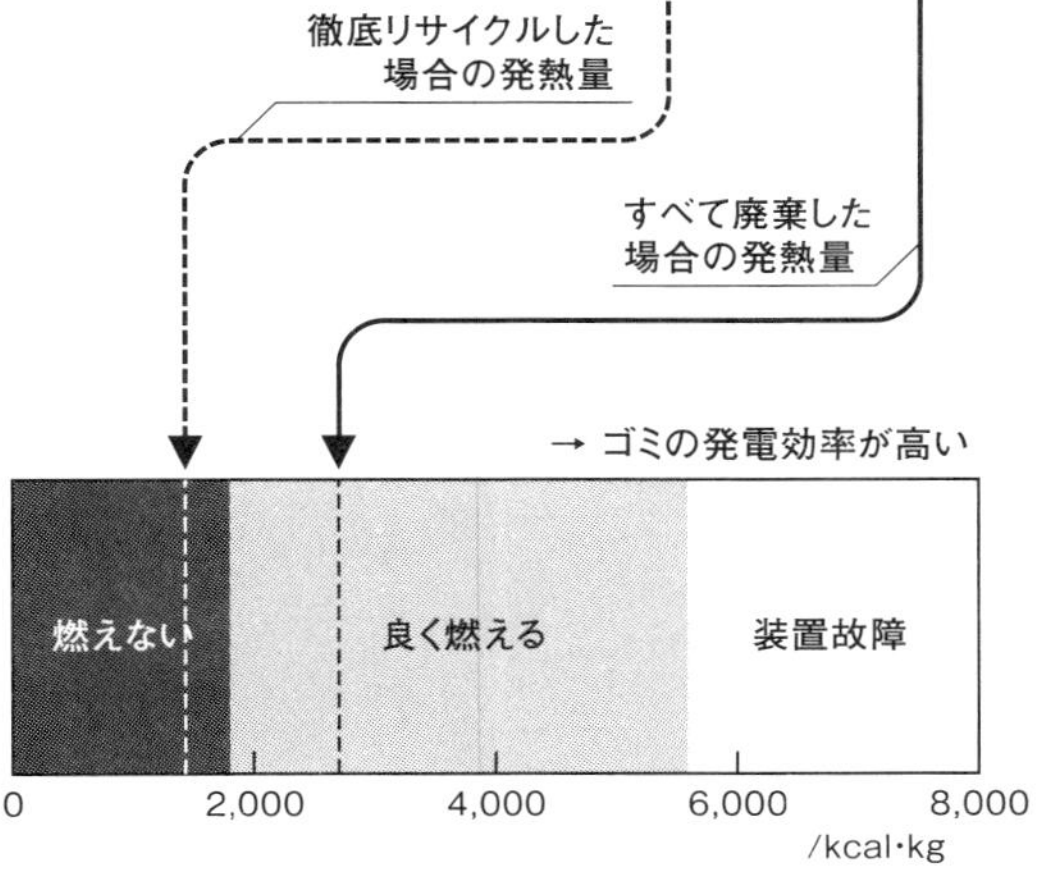

図表14　ゴミの焼却に必要な発熱量
(参考：同上)

もう一つ、ものを燃やすには酸素が通っていくところが必要ですから、電話帳などのようにぎっしり詰まった平たいものは燃えにくいのです。そこで、生ゴミを燃やす助燃材として、ペットボトルやトレイのように空間があり、かつ燃えやすいものを混ぜるのはよいことです。

ペットボトルやトレイはどんどん燃やしましょう。

ペットボトルのリサイクルのお粗末な現状

最後にペットボトルのリサイクルについて、ポイントだけをここで整理します。

まず、ペットボトルのリサイクルが始まると、表からもわかるように、大量生産・大量消費が始まります（図表15）。当初、年間15万トンぐらいしか使われていなかったのに、現在では、その4倍近くになっています。回収率は増えていますが、消費量が増えているので、ゴミはさっぱり減っていません。自治体の発表するゴミの量は、あまり信用はできません。つまり「ゴミを業者に渡せば、ゴミとして計算しない。そしてそのゴミがどうなったかは監視しない」ということなので、とにかくゴミを業者に渡しさえすれば、その自治体のゴミは減る仕組みになっています。

実際にリサイクルしたペットボトルが、どの程度、使われているのかは、まだ一度も公表されていません。私が計算したり、調査したりすると、だいたい捨てられたペットボトル１００

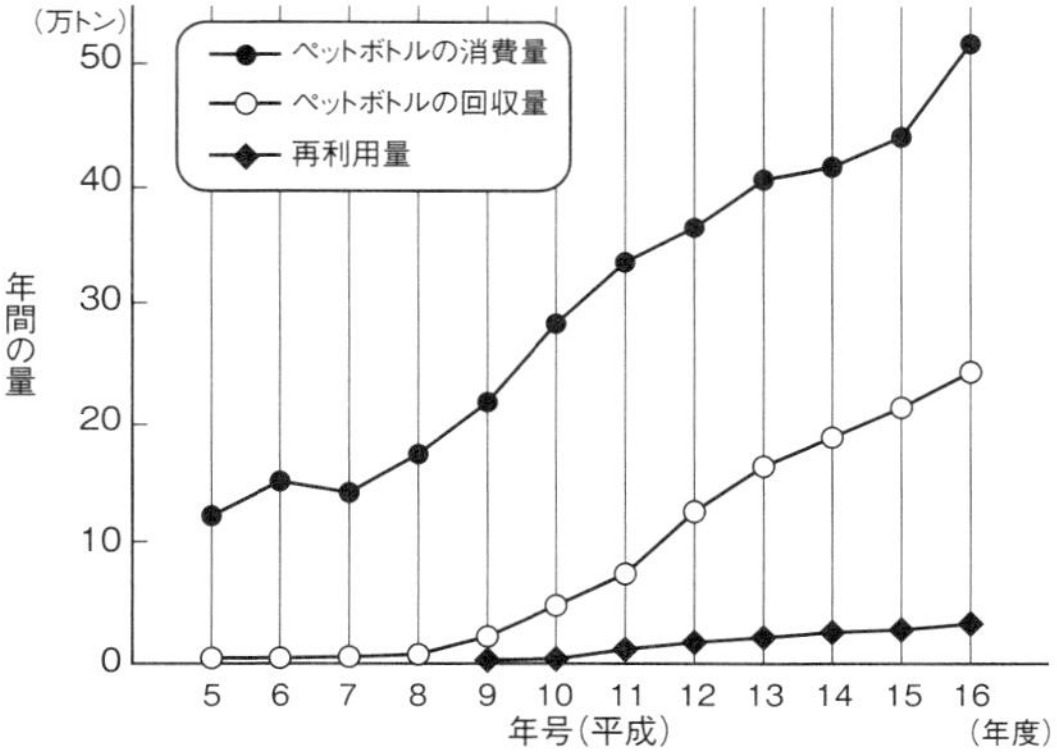

図表15　ペットボトルの消費量と回収量、再利用量の変化
（参考：PETボトルリサイクル推進協議会、PETボトルの生産量及びリサイクル状況。再利用量は公表データがないため、武田研究室調べ）

本のうち、5〜6本は使われているようですが、あとの95本程度は捨てられたり、燃やされたり、あるいは違法に外国に流れたりしています。

ペットボトルのリサイクルは、資源を節約したい、ゴミを減らしたいという市民の願いを完全に裏切っています。また、平成17年3月に中央環境審議会に提出された資料によると、ペットボトルを回収するのに、自治体は日本国民の税金をキログラム当たり405円も使っていますが、それを40〜50円で中国などに売りわたしています。普通、自分のお金で405円で仕入れたものを50円で売るなどということはないのですが、なにしろ405円は税金なので、50円で売っても、ある自治体などは「儲かった」と言って喜んでいます。

これほどの不正義を許しておいてよいのでし

ょうか。

このようなことを私が指摘すると、いっせいに周囲からの反撃を受けます。それも、「ペットボトルはこのような用途にこのぐらい使われていて、資源はどのぐらい減った」と言って反撃するならよいのですが、未だに大切なことは公表せずに、個人攻撃だけをしています。それはリサイクル全体に自治体だけで5000億円の税金を使っているからです。

国民は一人当たり一年に5000円程度になりますから「環境を守ることができるならこの程度はいいや」と納得してしまうのですが、だいたい、この税金をもらう人は1万人ぐらいですから、税金を出す方は一人5000円でも、もらう方は一人当たり5000万円になります。その利権はすごいので、私への攻撃もかなり激しいものとなるのです。

日本人なら、日本人の誠があるなら、人をだまして税金で儲けようとせずに、額に汗して稼いでもらいたいものです。

検証四 アルミ缶のリサイクル

判定 地球に優しい

ただし、うまくいっているリサイクルも
自治体にまかせると
税金のムダ使いに。

リサイクルに適したアルミ缶

アルミ缶は工業製品の中で極めて優れもので、衛生的で、軽くて、リサイクルできるという、包装容器としてすべての基準を満たしています。

アルミが材料になることは、1906年にドイツのウィルム氏によって偶然発見され、改良されて、現在の形になりました。鉄の3000年の歴史から見れば、アルミは100年の歴史しか持っていない、まったく新しい金属ですが、豊富にありますし、土類に分類されていることからもわかるように、砂とほとんど同じ成分で安全性も高いのです。

アルミのようにすばらしい材料はありません。

一時期、アルミがアルツハイマーの原因になるのではないかと疑われましたが、これはまったくの濡れ衣であることがわかりました。もしかすると、生物のある特殊なものについては障害があるのかもしれませんが、日本の土の中にはアルミが豊富にありますから、もしアルミが悪いものなら、日本の国土に人は住んでいないでしょう。

もちろん、特殊な環境の中で生きる生物にとっては、アルミは毒かもしれません。そういう意味では、我々は酸素を吸って呼吸していますが、ある生物にとっては酸素が猛毒で吸った途端に死ぬこともあるわけです。環境中にはさまざまな生物がいて、特殊な条件で棲んでいますから、そんな些細なことをあまり気にすることはなく、アルミは人体にまったく害がないものだと断定してよいと思います。

ところでペットボトルの説明のところで、物事にはよいことと悪いことがあり、そのバランスが大切であると書きましたが、アルミ缶も同じです。

若い女性がお風呂上がりにビールを飲みたいと思っても、昔はなかなか飲めませんでした。昔、ビールはビンに入って、酒屋が売っていました。酒屋に注文して、丁稚さんがケースに入ったビールビンを運んできます。飲むと酒屋さんにまた返すのですが、若い女性の玄関先にビール20本入りのケースを置いておくのは、うしろ指をさされそうで、気分はよくありません。

ところが、現在では、勤めの帰りがけにスーパーに寄って、缶ビールを買って、お風呂上がりにビールが飲める生活になりました。

ちなみに、現在、アルミ缶は日本では約30万トン作られていて、その90%がリサイクルされています。なぜ、ペットボトルがリサイクルされないのにアルミがリサイクルされているのでしょうか。

それは、ペットボトルは比較的簡単な操作で石油から作ることができますが、アルミはボーキサイトを原料として多くの電気を使って作られます。そのため「電気の缶詰」と呼ばれることがありますが、リサイクルするときに使うエネルギーのほうが、ボーキサイトからアルミを作るときに使うエネルギーより少ないので、リサイクルされているわけです。もちろん、アルミのリサイクルに問題がないわけではありません。アルミ缶は極度に薄く、しかも割れないようにできていますので、マグネシウムのような添加物が必要となります。また、リサイクルで返ってくるアルミの中には添加したものばかりではなく、塗料、鉄、シリカ（土）などが付着してくるので、除くのはかなり大変です。どうしてもアルミ缶として使えないものは、あまり性能が求められない用途に回されることもあります。

値段はその時々によって変動しますが、ある時点でボーキサイトから作られるアルミの地金が、キログラム200円のときに、日本の町から集められてくるアルミ缶は190円でした。わずか10円の差ですが、市中からリサイクルで戻ってくるアルミのほうが安いわけです。これは、みなさんがアルミ缶のリサイクルに協力しているからだけではありません。町でアルミ缶を集めてアルミ回収業者に売っている人たちを見かけることがあると思いますが、そういうふうにして集めても安いのです。アルミ缶は、リサイクルシステムの中では多くの税金を使っています。しかし、自由に集めたほうが、税金もかからず、資源の有効利用ができるということになります。

自治体ではなく業者にまかせる

もし、アルミ缶を税金によって回収するとどうなるか。

これは、ペットボトルの項目で簡単に触れた平成17年3月に中央環境審議会で公表されているデータですが、アルミ缶のリサイクルでは584億円かけていると発表されています（図表16）。

このデータを見ると、キログラム当たり300円を超えるような値段になっています。つまり、現在は、アルミを法律で分別し、自治体が回収すると、ボーキサイトから作られるアルミより高くなり、自主的に回収すれば効率的に回収できるので、天然資源で作るより安く回収できるということを示しています。これは、町でペットボトルを集めている人はいないのに、アルミ缶を集めている人たちがいることからわかります。

理論的な計算でもそうですし、現実のリサイクルの実績もよいので、アルミ缶はリサイクルに適した材料ということになるでしょう。

これは、私がプラスチックのリサイクル会社へ調査に行くときと、アルミ缶の会社に調査に

	調査標本の収集量実績（t/年）	全国推計結果（百万円/年）		
		収集部門	選別保管部門	フルコスト（管理費含む）
①スチール缶	91,272	29,385	39,743	94,607
②アルミ缶	38,433	20,626	20,204	58,433
③びん	316,740	34,719	23,832	79,356
④ペットボトル	81,557	25,754	18,239	59,567
⑤プラ容包	190,758	34,016	18,796	73,229
⑥白トレイ	952	1,634	3,578	7,459
⑦紙パック	3,321	2,882	2,240	7,771
⑧段ボール	104,844	16,209	6,071	32,013
⑨紙容包	35,521	6,213	1,500	11,093
⑩合計	863,400	171,437	134,203	423,565

図表16　リサイクル直接経費

（参考：環境省 廃棄物・リサイクル対策部 第27回 中央環境審議会廃棄物・リサイクル部会資料「平成16年度 効果検証に関する評価事業調査」平成17年3月）

行くときの対応が全然違うことからでもよくかります。アルミ缶のリサイクルを調べようとすると、リサイクルをしている会社は全部、オープンです。集めてくるところも、工場も、そして再び板にするところもすべて見せてくれますし、数字も教えてくれます。また、アルミ缶に印刷してある塗料はどうするのか、フタと胴体では成分が違うけれど、それはどうしているのか、戻ってくるアルミの中に、鉄や除きにくい不純物がありますが、それはどうするのだと厳しい質問をしても、本当に誠意のある返事が返ってきます。
それに対してプラスチックのリサイクルの場合、最初から「商売の秘密」、「法律で決まっていることはやっている」という返事だけで、十分な調査ができたことがありません。

その典型的な例が万博のゴミでした。

愛知で行われた万博は、環境を考えた万博でしたから、入場者は自分たちが会場で出すゴミを丁寧に分別していましたし、万博の事務局もNHKも、それを何回か報道していました。しかし、万博が終わってから、「あのゴミは全部まとめて捨てた」という情報をとある業者から聞いて、万博の事務局とNHKに問い合わせました。

万博の事務局は、けんもほろろで「分別したゴミを業者に引き取ってもらいました」というだけで、数字はおろか、その用途もまったく答えてくれませんでした。

NHKはもっとひどく、最初に東京の代々木の本社に電話をしてお聞きしたら、窓口の女性は電話を担当者につなごうともせず、おそらくは「教えられたとおり」と思いますが、紋切り型で「クレームとして受けたまわります」とだけ繰り返しました。そこで仕方なく名古屋のNHKに電話をして、やっと職場の人に到達したのですが、その後、先方からまったく連絡はありません。

10年ほど前、NHKがある会社のゴミゼロの放送をしたときに、その放送が「取材をせずに報道した」ことがわかり、当時の報道局次長から電話があり「今後、気をつけて、当然だが取材して報道する」と約束してくれました。そのことをNHKの人に言っても、まったく相手にしてくれません。

ＮＨＫは視聴料で運営しているのですから、何も特定の会社や万博の事務局を保護しなくてよいはずです。もしこれまでも、一つひとつの報道が正しく行われていたら、リサイクルがなぜうまく行かないかもわかって対策も練られたかもしれません。けれども隠してばかりいると、当面の税金はとることができますが、長い目で見てなにも生まれないと思います。

アルミ缶はリサイクルの優等生ですし、日本には原料となるボーキサイトがないので、おおいにアルミ缶を使い、それを街角の回収場所に置いておけば、業者が持って行くと思います。市民から見ると、税金はとられず、業者は儲かり、資源は有効に使えるのですから、こんなによいことはありません。アルミだけでなく、同じようにリサイクルが可能な鉄も一緒でよいので、「金属類の回収場所」さえ決めておけばよいのです。腐ることもないので、本当によいリサイクルができると思います。

検証五 空きビンのリサイクル 判定⬅よくない

ガラスは再利用にふさわしくないもの。

新しい物を大事に使いましょう。

ビンの利用自体が減っている

「資源の有効活用のためには、ビンを多く使ってリサイクルしてはどうか」という話をよく聞きますが、今のビンの使い方を見てみると、容器としては、少し古い材料になってきていると言えます。

昔は、しょう油やみりん、ソース、酢など、多くのものをビンに詰めていました。どうしてかというと、ペットボトルやアルミ缶のような、軽くてよい容器が技術的にまだできていなかったこと、また、基本的には加熱して消毒していたために、容器としてはビンのように熱に強い材料が適していたからです。ですから、あのように重たくて、割れやすいものを仕方なく使っていました。まだ日本の社会全体が貧しく、酒屋の丁稚さん、牛乳配達屋さんなど、狭い道を自転車で重たいビンを運んでくれる人たちもいました。

現在では、重たいビンを運ぶのは難しい時代です。ペットボトルやアルミ缶など便利な容器もできたので、今ではガラスビンは、「容器」としてではなく、実際上は「高級品」という生活に潤いを持たせる位置付けで使用されていることが多くなっています。

ところで、ペットボトル、アルミ缶と並ぶ、大切な容器として使う、ガラスの材料としての性格についてもふれておきましょう。

ガラスというのは透明度が高く、硬く、衛生的で、とてもすばらしいものです。ガラスがこの世になかったとき、窓は板でできていて開けないと暗いですし、開ければ雨が吹き込んでくる大変やっかいな暮らしでした。ガラス窓ができてから人間の生活は一変したのです。

こんなに便利なガラスですが、割れやすく、重いので、不便でもあります。特に、リサイクルでは処理をしているときに、ガラス以外の不純物が入ってきます。ガラスは割れやすいので、少しでも違ったものが入ると、さらに割れやすくなります。そのため、リサイクルガラスはできるだけ厚く作らなければなりません。その点からも、ガラスはリサイクルに向かない材料でもあります。

また、材料によく使うアルミニウムがガラスの材料と性質が似ているので、ガラスからアルミなどの軽い元素が除きにくい性質があります。除きにくいアルミが入ったところに材料としての欠陥ができるので、割れやすくなるのです。

ほかにも、ガラスビンには色がついているものが多いですが、色のついているガラスが混ざると中間的な色のガラスになります。特に困るのは、ものすごく汚い色の緑になるものがあることです。色くらいどうでもいいじゃないかという人もいるかもしれませんが、食品や薬品などに使えず、ガラスの用途が非常に制限されます。

ガラスは大量消費・大量廃棄には向かない

あれこれとガラスの悪口ばかりを言っているようですが、もともとガラスは材料としては高価なものなので、大量に使って大量に捨てると、このような欠点が目立ってくると考えたほうがよいでしょう。

さらにガラスの欠点を指摘することになりますが、ガラスの用途は多種多様に分かれていて、その中には鉛やカドミウムが含まれています。それをリサイクルして回収し、カレットと呼ばれる小さな粒に粉砕すると、ガラスの成分にそれらが混じってくることがあります。割れてしまったガラスは、それがかつてはブラウン管であったか、コップだったかよくわかりませんから、テレビのブラウン管の鉛がコップと一緒になることも起こります。

今から40年ほど前のことですが、ビールビンを使って、洗って、繰り返し使ったほうがいいということで、かつてカナダのケベック州で、大規模にビールビンのリユースをしたことがありました。しかし、ビールビンの内側についている付着物を落とすのが大変で、コバルト洗浄剤というものを使っていました。ところが、しばらく経つと、アルコール依存症患者が続々と急性心臓疾患になって病院に担ぎ込まれだしたのです。

大騒ぎとなり、よくよく調べたところ、アルコールをよく飲む人がリサイクルビンの内側に、わずかについているコバルトによって急性心疾患を起こしたことがわかりました。記録によると、このコバルト洗浄剤とアルコール飲料のために、45名が病院に運び込まれて、約20名の方が亡くなったようです。もちろん、この事件の教訓が生かされて、現在では、ビールビンの内側をコバルト洗浄剤で洗うことはしていません。

ただ、私は、何回かガラスビンのリサイクル工場を見学に行きましたが、工場の中は臭気が漂い、臭いのです。ガラスビンの中に入っているものが蒸気となって出てくるのですが、いろいろな物質が混じっています。それを全部きれいにするということは難しいですし、作業している人たちは、切り傷はしょっちゅうできるし、ガラスビンのリサイクルはなかなか大変です。

私はガラスビンのリサイクルはあまり賛成しません。ペットボトルやアルミ缶が出現する前にはガラスは社会に大きく貢献しました。しょう油も油も、ガラスビンがなければどうにもならなかったのですし、ビールを楽しめたのも、ガラスのビールビンがあったからでした。しかしペットボトルやアルミ缶と比較すると、ガラスはなんといっても高級品で、かなり手をかけなければ使えないことは事実です。

ガラスは高級品ですから、たとえばワインをおいしく飲もうとか、何十年もとっておこうというときはガラスビンに限ります。しかし、最近では、アルミ缶入りのワインも売られるようになりました。アルミ缶とワインは反応するので、従来、アルミ缶にワインを詰めることはできなかったのですが、アルミ缶の内部をコーティングすることにより、おいしくワインが飲めるようになりました。

もともと、ガラスビンをリサイクルしようと考えること自体が間違っているのかもしれません。ガラスの原料は「土」ですし、日本が自給できるものです。廃棄しても毒性のあるものだけ注意すれば環境も汚さず、資源の枯渇にもなりません。その意味では石油を使うペットボトルより「リサイクルしないガラスビン」のほうが優れているとも言えます。私は本来、人間にとって大切だったガラスビンを、幻想のようなリサイクルに当てはめようとして、このよい製品をダメにしてしまったように感じます。

技術は時代と共に進歩し、私たちの生活は少しずつ便利になります。また将来ガラスの新しい技術が出現して、ここに書いた欠点はすっかりなくなるかもしれません。環境を守るということは、同時に現在の技術や生活の範囲で、いかに合理的に節約して生きるかということでもあります。

検証六　食品トレイのリサイクル

判定⇒よくない

分別しても燃やされています。技術的にも不可能で、推進する意味もありません。

容器プラスチックはリサイクル不可能

これまでの説明でほとんど整理ができてきましたが、ペットボトル以外の食品トレイやプラスチックは、ペットボトルよりもっと積極的に生ゴミと一緒に出さなければいけません。

理由は非常に簡単です。

現在の食品トレイやプラスチックの容器は、ペットボトルの約8倍、４３０万トンという、大量の高分子材料が使われています。そして、これはリサイクルするという建前になっているため、現在はリサイクルのほうにまわっていますが、現実は、この容器包装プラスチックをリサイクルすることができません。４３０万トンの10分の1の、約40万トンはリサイクルとして処理されますが、残りの約４００万トンは、焼却されたり、埋め立てられています。

数字が並ぶと少し実感しにくくなりますが、４３０万トンのプラスチック容器が捨てられて、そのうちわずか40万トンがリサイクルにまわるということは、トレイを10個リサイクルに出しても、そのうちの1個しかリサイクルにまわらないというのですから、分別してリサイクルしようと思うだけ無駄骨です。

あとはどうされているかというと、多くはいろいろな方法で燃やされています。燃やすのも、自治体の焼却炉で燃やす場合や、セメント会社で燃料として使ったり、鉄鋼会社でコークスの代わりに使用したりします。そのたびごとに違う名前を付けているので、あたかも役に立っているように感じますが、これは税金をとるための言い訳で言っているだけで、燃やしているのは同じことです。そして燃やすのですから、プラスチックの種類ごとに分けても、紙とプラスチックを分けても意味はなく、最初から一緒に出せばよいのです。

ところで驚いたことに、リサイクルにまわった40万トン、つまり10分の1のものですら、そのままリサイクルされていません。自治体にまわったリサイクル目的の40万トンのうち、現実にリサイクルしているのは、公的に発表されている数字で8万トン、私の調査と計算では4万トン程度です。

これまで整理してきたことを簡単に図で示しました（図表17）。信じられないでしょうからもう一度言いますと、プラスチック容器は430万トンが捨てられて、そのうちの40万トンがリサイクル目的にまわされ、最終的に使ったのは4万トンということになります。これはもうリサイクルしているとは言えないわけですから、「リサイクルしているから家庭で分別してく

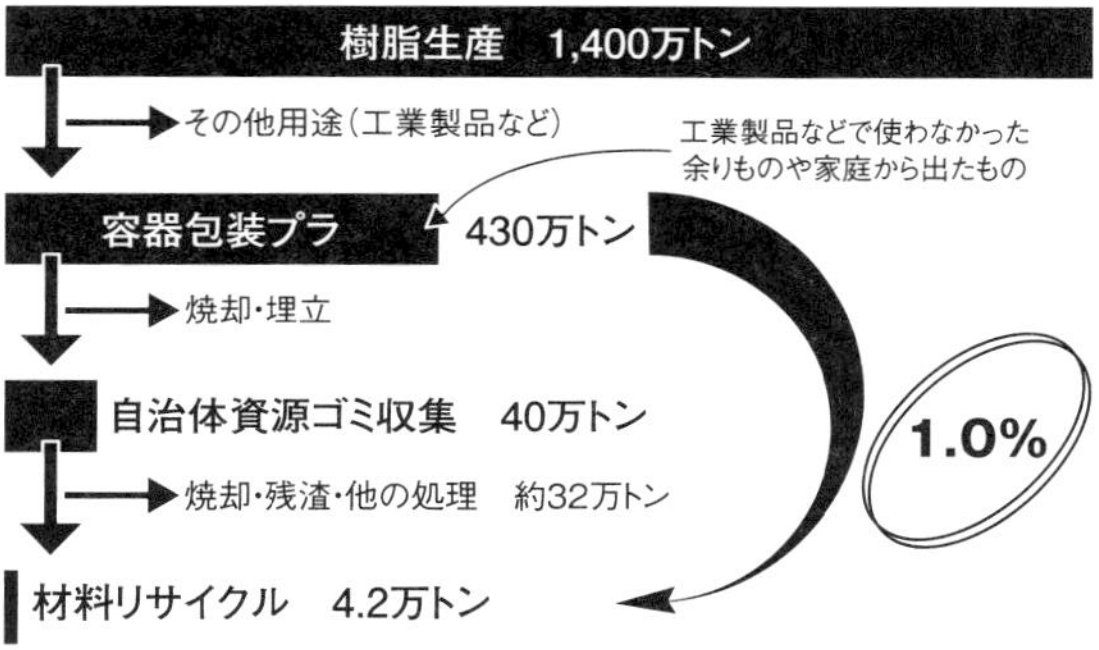

図表17　容器包装プラスチックの生産量と回収、リサイクル量
（参考：①独立行政法人国立環境研究所循環型社会・廃棄物研究センター、プラスチックと容器包装のリサイクルデータ集
②社団法人プラスチック処理促進協会、プラスチック製品の生産・廃棄・再資源化・処理処分の状況2003）

ださい」などと言わないほうがよいでしょう。言い訳はしっかり用意されていますが、事実は偽装に近いものです。

でもプラスチックの容器がリサイクルできないのは、ちょっと想像してみるだけでもわかるような気がします。あの簡単そうなペットボトルですら、リサイクルして利用しているのは、多めに見て5本に1本、少なめに見て10本に1本ですから、それに比べると、種類の多いプラスチック容器は、とても難しいのです。

たとえば、マヨネーズの容器や納豆の容器などを考えてもらえばいいでしょう。家庭で使い終わった後、納豆の容器の場合、白い発泡プラスチックとおつゆの入っている小さな透明の袋と、カラシの袋があります。それに納豆の上にかけてある薄いフィルムですから、全部で4個あります。これをそれぞれ分けて、水道で洗って分別して出したとします。でも、その努力はまったくムダで、全部捨てられていると言ってよいでしょう。あまりにみんながやったことを否定するようになるので、さすがに自治体も使っているようなことを言っていますが、事実は捨てているのです。

ペットボトルのような簡単なものを見ても、キャップと本体の筒の部分の材質が違うように、プラスチックには20種類くらいあります。プラスチックの種類を統一せよと言う人もいますが、できません。なぜできないかというと、プラスチックは石油から作られるからです。大昔の生物の死骸である石油が1種類の成分から作られるということはありません。

今は用途と石油の成分との関係をベストにした形で作っているものが20種類くらい、特殊なプラスチックが非常に少量に使われますが、大量に使われるプラスチックは、その20種類のうちの5種類です。

大量に使われるプラスチックが問題だということになっても、現在のプラスチックの種類を減らすことはできません。なぜなら、それがいちばん効率的な利用方法だからです。しかし、リサイクルしようとすると、どの種類のプラスチックかわかりませんから、利用することが難しいということになります。

ドイツ人より日本人のほうが資源を節約している

紙やペットボトルのところで簡単に説明しましたが、日本人は節約家なので台所から大量のゴミが出ることはありません。アメリカや環境先進国と言われるドイツに比べても、日本はゴミの量が少ないのです。

まず、日本人とドイツ人の比較をするに際して、「どの程度の資源を使っているか」を調べてみました。日本とドイツはかなり似ている国で、一人当たりの国民総生産(簡単にいうと収入)で比較すると、日本が一年に2万8000ドル、ドイツが2万7000ドル(2003年度調査)です。2003年度をとってみると、日本人とドイツ人は一人当たりほとんど同じ収入があったことになります。

それではその収入をどのように使ったのか、その収入でどのぐらいものを買ったのかというと、日本が21トン、ドイツが42トン(1996年度調査)です。

驚いてしまいます。日本人とドイツ人は、ほとんど同じ収入で暮らしているのに、物を買うという段階になると、ドイツが日本の約2倍も使っているのです。この統計は、片方が2003年で片方が1996年なのですが、両方とも1996年にして試算しますと、1ドルの収入当たり、日本人は0・56キログラムの資源しか使用していないのに、ドイツ人は実に1・4キログラム(1996年度)も使い、ドイツ人は日本人の約2・6倍も資源を浪費していることがわかります。

環境関係ではよく、ドイツを学べとか、ドイツではリサイクルしている、ドイツの町は自転車が多いなどと報道されるのですが、その報道と、ドイツ人が日本人に比べて資源を2・6倍も使っているというのと、どのように関係しているのでしょうか？　それをさらに考える前に、ゴミのほうも比較しておきましょう。

国民一人当たりの総廃棄物量（2003年度）、つまりゴミの量は、日本人が3・6トンで、ドイツ人は4・5トンです。ドイツ人のほうが、日本人より1・25倍もゴミを出していることになり、さらに、国民総生産当たりにすると、日本人がドル当たり97グラムのゴミを出すのに対して、ドイツは160グラムということになります。

ゴミというのはその国によって制度が違うので一概には比較しにくい面があります。日本でも「一般廃棄物」と「産業廃棄物」があり、一般廃棄物は、家庭や事務所から出るものですし、産業廃棄物は産業から出ますが、たとえば一般廃棄物でも家庭からある業者が引き取れば、産業廃棄物に分類されることになります。その点では、ゴミで比較するより、日本人が使っている資源やエネルギーと、ドイツ人が使うそれらを比較したほうが正確です。

資源とゴミは比較しましたから、最後にエネルギーの比較をしてみます。

エネルギーは使用する単位や表現が専門的になりますが、国内総生産当たりのエネルギー消費量（2003年度）は、100万ドル当たり日本が106（石油換算トン）、ドイツが184（同）で、エネルギーの使用でも日本がドイツの1・7倍優れていることがわかります。

つまり日本とドイツを比較すると、同じ生活レベルでは、日本のほうが資源もエネルギーも節約していて、その結果ゴミも少なくなっているのです。

それなのになぜ日本人は「ドイツ、ドイツ」と言うのでしょうか？

その理由は大きく言って二つあります。一つはあまり言いたくないのですが、日本人は白人コンプレックスを持っていて、ドイツやフランスというと、その中身を考えずにひれ伏す傾向があります。日本の文化や生活は実は世界に誇るべきものなのですが、日本人は自分を卑下する性質もあり、自国の立派な文化より他国の文化のほうがよいように思うのです。この謙虚な感覚はとても大事ですが、資源やゴミの量のように、数字で表されるものも、現状を示した数字を無視し、ひたすらドイツを尊敬するのもどうかと思います。

もう一つは、日本の偉い人がよくドイツに外遊に行きます。その多くは自分のお金を使うのではなく税金や会社のお金です。そしてドイツに着くと、どこかを見学した後、夜はビールやおいしいワインを飲みます。私の感覚ですが、日本の偉い人でドイツに行く人のある程度は、本当はドイツに行きたいのではなく、税金で行けて見物ができ、さらに夜はワインが飲めるというから行く人が多いように思います。

実に惨めで卑しいのですが、それが現実です。そして外遊に行った限りはドイツがよい、ドイツがよいと言わざるを得ないので、日本人が分別などをさせられて苦しむのです。

私の調査では、ヨーロッパでもリサイクルをしているのはドイツなどの数カ国であり、数年前、イギリスで調査したら、リサイクル率は3％でした。また南ヨーロッパのイタリア、スペインなどは、まったくリサイクルをしていませんし、世界がリサイクルしているといっても、実はその「世界」とは、「ドイツ」だけだったりします。

ドイツやデンマーク、それにノルウェーなどの北欧の国は、北海というきわめて閉鎖的な海に面しています。日本で言えば、琵琶湖に面しているようなものですから、海に何かを流すと大きな問題になります。それに比べると、日本のように四面を海に囲まれ、大きな海流が海岸線を洗っているのとはかなり違います。

もちろん、だからといって何でも海に流してよいということではありません。しかし環境とは、その地方で与えられた条件に沿って考えるべきものです。自然を無視して東京のビルの中で考える環境など、何の役にも立たないのです。

世界に広く目を向けるということは、世界の自然環境と日本の環境の違いをよく知るということであり、何にも考えずに、ただ、ドイツ、ドイツと連呼するのは、日本の環境を壊すことにつながります。

検証七 ゴミの分別
判定 意味なし

無意味な分別をやめれば手間も税金のムダ使いも一気に減ります。

ゴミは「金属」と「それ以外」に分けるだけでいい

ここで、リサイクルや資源の使用という観点で、家庭ではどうしたらいいのか、という中間まとめをしてみます。あくまでも中間まとめですので、あとの章で、もう少し深く考えた私たちの生き方を整理します。

まず、家庭で出るゴミは、細かく分別するのをやめて、二つに分ければいいことになります。一つは金属類、もう一つはその他です。

金属類は一般的に高価ですから、価値があります。アルミ缶、鉄、銅線などは、すべてリサイクルが成立するもので、社会で有用に使えます。金属は、種類ごとに分ける必要はありません。なぜかというと、鉄は磁石につきますし、アルミは軽いので、鉄とアルミと銅が混ざっていても、それは業者が容易に分けられます。むしろ、個人がいくら一所懸命分別しても、アルミ缶の中には鉄が入るし、鉄の中にも銅が入ってきます。産業がこれを使うときには、アルミの中に鉄が入っていたら、それは分けなければいけません。どうせ分けるのですから、個人が出すときには、「金属類」として一括して出すのが適切です。

なぜ、一括して出したほうがいいかというと、分別して出すと、分別して運ばなければいけないからです。3つの金属の種類に分ければ3台のトラックがいりますが、まとめて運べば1台ですみます。まとめて運んで工場で分けるというほうが社会的にも効率的です。

金属以外のゴミ、たとえば生ゴミ、プラスチック、紙などは一括して出します。生ゴミはプラスチックや紙が入っているので、燃えやすくて、大変都合がよいのです。

生ゴミについて、もう一つ重要な問題があります。我が国は60％の食料を輸入し、30％の食料を捨てているという点です。この点は、各家庭で料理法などを十分に検討し、食べ残しの少ない形にもっていくこと、さらに、ホテルや高級レストランなどでは、仕入れた食料の90％を捨てているという話も聞きますので、何とかうまい方法を発見して、少しでも食料を節約することが大切ではないかと思います。

また、ガラスはできるだけ使わないようにして、ガラスは一般の廃棄物の中に入っても、先に書いたように、焼却すると焼却炉の下に出てきます。現在、完全に分離する方法がありますし、かつ毒物を含まず、埋立や土壌の改良などにも使えますので、生ゴミと一緒にするのも現実的な方法としてあると思います。

また、水ですが、水の使用は極力少なくする必要があります。現在は、飲み水の300倍近くをトイレや洗濯、風呂などに使っているのですから、頭を切り替えて、水道の品質を少し落とし、合理的な水の使い方をするといいでしょう。汚い水を流すと配水管が詰まってしまうのでその点は気をつけなければなりませんが、もし日本人が、水道の水は少しまずくてもよいということになれば、水道料金はかなり下がることになります。

意味のないリサイクルはやめる

リサイクルをやめれば、税金は5000円減り、家電製品のリサイクルをしなければ1台当たり3000円程度の負担が減り、水道やその他のやり方を現代の日本人の生活に合わせれば、いろいろなもののお金の負担が減ります。いちばん大きいのが温暖化対策費用です。温暖化を阻止することは日本ではできませんから、それだけでもやめる決意をすると、実に一人2万円ぐらいが浮きます。

あれこれ全部合わせると、毎日の分別はなくなり、税金は3万円ぐらい減るでしょう。もし国民がこれに気がつくと、毎年1億円ぐらいの税金をもらっている3万人の人から反撃がくるでしょうが、その人たちは地位も高く、お金もあるのですから、初心に返って自分の額に汗をかいて自分で儲けてもらいたいものです。

リサイクルもせず、あまり分別もせず、ゴミを出すことになると、皆さんは処分場がすぐいっぱいになるのではないかと心配されるかもしれませんが、ゴミゼロは簡単であるということを示します。

30年前、ゴミをゼロにすることはできませんでした。焼却技術も不完全だし、処理設備も不完全で、分別しなければゴミは減らないと錯覚されていたわけです。その後、技術が非常に進んで、ゴミの処理は焼却も含めて大変進歩しました。現在、家庭用のゴミを全部まとめて、焼却しても4つの成分に分かれます。

一つは、二酸化炭素と水の気体、その次に灰、これは飛灰です。それから、スラグという土の成分、それからメタル、銅や鉄の金属の成分です。現在の高性能焼却炉は、この4つの成分にきちんと分かれます。

そのうち、飛灰の中に危険物が入ってきます。たとえば、水銀や鉛、カドミウム、砒素です。そしてスラグやメタルの中には、ほとんど毒物は入ってきません。特に、スラグの土の成分に毒性のある元素の入ってくる量が大変減ってきました。現在では、焼却炉から出てくる土は、本来なら海の埋め立てにも使えます。心理的な抵抗もあって現在はまだ使っていませんが、そのうち認められるようになるでしょう。

それから、銅や鉄を中心としたメタル成分は、非常に貴重な成分で、これは主に非鉄メーカーが引き取って、再び資源にします。もし個人が分別してリサイクルしようとすると、いろいろなところで齟齬《そご》が起きたり、リサイクルが十分ではないということがあって、資源を利用できません。まとめて出せば、資源を有効に利用できます。紙についたホチキスは個人で金属として回収するのは大変ですが、まとめてゴミに出せば、紙が燃えてホチキスの針のほうはメタルとして回収ができます。

我々は、この世の中で、何がどこに入っているか、それほど正確に知ることはできません。たとえば、色が塗ってあれば、その中には金属が入っていますが、それが何かはわかりません。しかし、焼却すれば4つに分かれますので回収できるのです。

もう一つ重要なことは、リサイクルには毒物が混ざってくると述べました。個人ではどこに毒物が入っているかわかりませんから分離ができないのですが、焼却炉に入りますと、毒物をちゃんと検出して、分離することができます。現在では、主に飛灰のほうに毒物が入ってきますので、それを管理すればよいのです。

今までの10年間のリサイクルの経験が決して無駄だったわけでありません。いろいろなことを我々は学んだわけです。１９９０年にバブルが崩壊した後、多くの人が失業し、それを助ける意味でのリサイクルという意味合いがあったことも事実です。しかし、それは社会的な歪みであり、その歪みを徐々に解消させていく中で、社会はもっとまともな、きちんとした環境を守る方向に舵を切らねばなりません。

今まで、リサイクルというだけで税金をもらっていた人たちも多いのですが、この際、日本の将来の環境を考えて、思いきったやり方を展開する必要があると思います。

（注：この節で「ゴミゼロ」という「ゴミ」の中には、煙突から空気中に出る二酸化炭素や水は、普通はゴミと言わないので入っていません）

第四章 本当に「環境にいい生活」とは何か

第一節　もの作りの心を失った日本人

リサイクルより、物を大切に使う心を

この本をお読みになっている方には、これまで一所懸命、ゴミを分別してリサイクルに出しておられた方も多いでしょう。分別すればゴミが資源になり、リサイクルが日本の環境をよくするのだと信じて行動してきたはずです。まさか、その後ろに大きな利権が隠れていて、１００％リサイクル紙といって売られていたものは実は50％だったり、40％がリサイクル紙と決まっていた年賀状が、ほとんどリサイクル紙が含まれていないなどとは、考えてもいなかったと思います。

昔から、日本人は質素で、それほど多くのものを使ったり、使い捨てたりしていませんでした。今でもパリに行くと自動車がバンパーとバンパーを接するようにして駐車しています。こんなに接近して駐車して、どうして出るのだろうかと思って心配していると、運転手が来て前後の車にバンパーをぶつけてずらし、そして出て行くではありませんか！　日本では絶対に見ることができない光景です。日本人は「バンパーは壊れるためにある」と何度聞かされても、自分の車は大切な物で、それをわざと傷つけることなど考えられないのです。

日本人はお米を主食として生活し、朝ご飯には、必ず納豆とおみそ汁がいるという人が多くいます。日本人にとって、ご飯とお茶碗はなくてはならないものですが、毎朝、お茶碗を使ってご飯を食べ、食べ終わると軽く洗って割り、それをリサイクルに出している人がはたしているでしょうか。おそらく一人もいないと思います。

お茶碗は1回使うごとに割ってリサイクルに出さないのに、なぜペットボトルは一度使ったらそのままリサイクル箱に入れるのでしょうか？　お茶碗も1回や2回では汚くなりませんし、ペットボトルも、一度使った後のペットボトルはまったく新品同様です。

実は私たち日本人が本来持っているはずの誠実な心、謙虚な心は、いわゆる環境問題が起きてから、音を立てて崩れていっているのです。

かつてお茶碗職人の人たちは、それほどお金持ちではありませんでした。多くは中小企業で自分の家に小さな工場を持ち、そこで細々とお茶碗を作っていました。そして自分が作ったお茶碗を買いにくる人がいると、新聞紙にくるんで「大切に使ってください」と言って差し出します。買ったほうも大した金額でなくても、そのお茶碗を大事に使ったものです。

物を大切にする心は、高いお金で買ったから大事に使うとか、安いからすぐ捨てるというのではなく、高くても安くても自分が使って生活をするものを、作ってくれた方への感謝、自然からの恵みに感謝して大事に使うことなのです。

お茶碗を作る職人は、お金持ちでも、高い教育を受けているとも限りませんが、それでも、販売したお茶碗を一回一回、割ってリサイクルに出してくれれば、売れる量が増えて裕福な生活ができることはわかっています。でも、リサイクルに出してくださいという代わりに、大切に使ってくださいと言って売ります。人間の大切なこと、もの作りの魂、自らの職業への忠誠心――そのようなものが、儲けより上位にあったのです。

人間の心は時に試されることがあります。本来は売ってはいけないものを売ろうとするとき、お客さんに出そうとしていた料理に少し汚いものがついたとき……そんなとき、誰も見ていないのですから、そのまま出してもかまわないのですが、そこでその人の魂が試されます。「お金のために私は生きているのではない。自分が作ったお茶碗だ、それがどんなに安価でも、大切に使ってほしい。自分が作ったものは自分の子供のようなものだから」などと考えられるかどうかです。

それでは、ペットボトルを作っているメーカーの社長さんは、どういう人でしょうか？　おそらくは一流大学出身で、大企業の社長さんですから、年収も数千万円とっていると思います。生活は豊かで特に苦しいわけではありません。しかし、その社長さんは、「もの作りの心」を持っていないので、何とかしてペットボトルを多く売ろうとします。製品を作るメーカーの社長さんですから、製品が社会に多く受け入れられることは結構なことですが、そう考えているのではなく、何とかして早く捨ててもらおうと策略を練っているのです。

ペットボトルは丈夫で長持ちする容器ですから、万が一にでも何回か使ってもらうと売り上げが減って困ります。そこで、メーカーが率先してリサイクル制度を作り（この辺の詳細は拙著『環境問題はなぜウソがまかり通るのか』）、環境の負荷を計算する専門の会社にお金を渡して、「新しく作るよりリサイクルしたほうが石油を少なく使う」というウソの計算報告書を出してもらい、新聞社を説得して大々的なキャンペーンをしたのです。

冷静に考えれば、どんなものでも、分別して回収し、洗ったり処理をしたりしてまた使うより、家庭で何回か使うほうがいいに決まっています。ペットボトルは、一度社会に出すとボトルの内部が汚れますので、どうしても潰さなければなりません。さらに劣化するのでそのままでは使うことができず、くずのような製品にしかならないのです。その証拠に、リサイクルが始まる前には、ペットボトルの生産量は一年に15万トン程度でしたが、リサイクルが開始されると生産量は55万トンに増加しています。その55万トンは、ほとんど「再生したペットボトル」はなく、「石油から新しく作ったペットボトル」です。

世の中には、貧乏でも美しい心を持ち、自分の力がたとえ十分ではなくても額に汗して働きその範囲で生活する人と、他人のお金を盗み、だまし、裕福な生活をする人とがいます。私は自分の力で額に汗して働く人を尊敬し、人をだまして税金をとり、それで儲けている人を軽蔑します。

私はペットボトルを買うと、同じものを何回か使いますが、それはペットボトルがもったいないからではありません。石油によって豊かな生活をしているのですから、石油に対して感謝する心、日本のメーカーがペットボトルのようにすばらしい容器を作ってくれ、そのために、どこでもお茶が飲める快適な生活をさせてくれる感謝の心から何回も使うのです。その結果、ゴミを減らすことにつながるのかもしれませんが、そうした結果より、ものに感謝する心が先です。

ペットボトルのリサイクルを通じて、私たちは「もの作りの心」と「ものに感謝する心」を失いつつあります。メーカーの人は、もの作りの心を失ってきました。現代の日本の会社に勤めている多くのサラリーマンは、何とかして売り上げが増えないかと心を砕いています。一方では環境が大切だ、ものを大切に使おうと呼びかけたり、時には乱暴に捨てる人を叱ることすらあるのに、それでも、自分の会社の製品がもっと売れて給料がよくなることを、期待しているのです。

自治体と業者を野放しにしていいのか

リサイクルで心を失いつつあるのは、メーカーの人だけではありません。日本には容器包装リサイクル法と呼ばれる法律があるので、多くの人は法律に基づいてリサイクルがされていると思っています。事実、リサイクルを始めるときに、国や自治体、そして専門家は「自分のゴミは自分で片づけよう。それには各家庭でゴミを分別し、自治体が回収し、指定された業者が再利用しよう！」と呼びかけました。

もしリサイクルを本当に合理的にやるなら、家庭で分別する方法はそれほど能率的ではありません。家庭からはまとめてゴミを出し、それを大工場で分別して利用したほうが効率がいいのです。でも自分で出したゴミは自分で片づけることが重要なのですから、三者で協力してゴミを減らす努力をすることになりました。そしてその三者——消費者、自治体、業者——の中で、手間だけでなく、費用も消費者が負担することになり、年間5000億円の税金が使われるようになったのです。

ところが法律を作るときに抜け道を作りました。それは家庭が分別して自治体が回収してきたものも使い道がなかったり、使えなかったりする可能性が高かったので、国民にはリサイクルと言って、その実は、回収したらそれで終わりでよいということに決めました。国民には、「一度使った物をもう一度使おう」と呼びかけながら、法律の条文は、「回収するだけでよい」となっているのです。現在の「容器包装リサイクル法」は、正しく略称すれば、「容器包装回収法」なのです。

その証拠に、私の本が出版されると、「回収だけしているはずはない」と思っていたある名古屋の大学の先生が、リサイクルを熱心にやっている名古屋市に手紙を書き、分別して回収したものをどのように使っているかを聞きました。すると、「業者に渡しているので誠実にリサイクルしていると思います」という答えが帰ってきました。その先生は、それからすっかり私の言うことを信用してくれるようになったのですが、自治体が住民に説明しないのですから、本当にびっくりします。

多くの主婦は、真面目に分別し、自治体が回収して業者に渡します。なかには悪徳業者もいるにしても、だいたいは自治体が再利用するのに努力しているとばかり思っていたのです。ところが今の自治体は、それほど誠実ではありません。「法律に決まっているのだからその通りに仕事をすればよい。これまで住民にどのように説明してきたか、住民がどんなに努力しているのかは関係がない」という心に変わっています。

自治体の人も、公務員になったばかりの若いときには理想に燃えていたでしょう。住民へのサービスに心がけて自分の郷里に尽くそうと思っていた人が多いと思いますが、働いているうちに、そしてリサイクルのように矛盾したことをしている間に、理想はだんだん失われ、汚れた心になっていったのです。

現在、ペットボトルを回収するのに自治体だけでキログラムあたり４０５円の税金を使っていますが、それを中国に50円で売っています。日本人の税金を405円使って中国人に50円で売っているのですから、税金を払っている日本人としては我慢がなりません。まして「自分のゴミは自分で片づけよう」と呼びかけた当の本人である自治体の人が、少しでも儲かれば中国に出すというのですから、そんな人たちのために、毎日時間がかかる分別などしたくもありません。

業者はリサイクルのうまみを吸っています。なにしろ、商売はどれも厳しいもので原料を確保し、それで何とか商売をしますが、リサイクルは、住民が原料を集めてくれておまけに税金まで払ってくれるのだからこたえられません。405円の税金をかけたペットボトルを40円で買い取り、「買っているのだから正しくリサイクルしている」と強弁しているのです。

自治体は自治体で、これほど日本中でリサイクルのための分別をしているのに、ペットボトルが最終的にどのくらい使われているかを今までまったく発表せず、業者に渡した段階のものに「再商品化」という名前を付けて、それを発表しているだけです。

こうしたことが続いた将来、子供たちに残される社会とはどんなものでしょうか。少しぐらいゴミが減ったとしても、人をだまし、税金をとり、データを隠し、どうしたら自分だけが責任をとらないですむかというような社会を、私たちは子供たちに渡そうとしています。

第二節　幸之助精神を失う

家電リサイクル、儲けのカラクリ

ペットボトルのリサイクル、紙のリサイクルは、その杜撰《ずさん》さが社会の注目を集めましたが、実際にもっとひどいのは家庭用電化製品のリサイクルです。

テレビ、冷蔵庫、洗濯機、そしてクーラーという四大家電製品は、今ではどの家庭でも使われるぐらいに一般的になりました。それも寿命があるので、ある程度になると必ず捨てられます。かつては普通の大型ゴミと一緒に捨てていましたが、焼却炉の性能も悪かったものですから、捨てた廃家電のほとんどは埋め立てられていました。

ところが、毎年2000万台近くが捨てられるのですから、埋め立てるところがなくなってきたり、家電製品の中には多くの有害物質が含まれているため、それが埋め立てたところから漏れてきたりして、社会問題になりました。

家電リサイクルはそこから始まったのです。これも紙のリサイクルやペットボトルと同じように、法律で決めて実施するようになりました。

法律で家電リサイクルを始める前は、おおよそ1台当たり500円ぐらいで自治体が処理をしていました。リサイクルを始めるようになると、それにかかる費用を徴収しようということになり、計算してみると、1台当たり約4000円くらいかかることがわかりました。単に埋め立てれば500円、リサイクルでは4000円です。

埋め立てる場合はトラックがきて古いテレビを荷台に載せ、市役所の収集場所に山積みにして、適当な場所に穴を掘って埋めるだけですから簡単です。それに比べて、リサイクルの場合は収集だけは同じですが、そこから家電リサイクル工場へ運搬し、解体して鉄やプラスチック、銅線などに分けるのですから、それだけ手間もかかりますし、エネルギーも解体するための工場も必要なことは誰でもわかります。

ただ、リサイクルのときにいつでも言われるように、「資源を回収する」ということが本当にできれば、つまり、4000円を徴収しても、3500円分が資源として売ることができれば、差し引き500円ですむのでいいのですが、現実にはそれほど資源になりません。

たとえば、テレビは、外側がHI‐PSというプラスチックの成型体でできていて、シャシーは鉄製です。このような安くて劣化するものはほとんど価値がありませんし、少し使えても「回収するに要した資源をまかなう」意味では、ほとんど価値がありません。1000円で回収して50円で売れるという程度ですから、計算しても始まらないのです。

テレビのブラウン管は作るときにはかなりの手間と資源を使いますが、捨てるテレビのブラウン管は、前の章でも説明しましたが、多くの鉛を含んでいますから、それだけでやっかいです。細かく砕いても、その中から鉛を取り出すことはできないので、そのままそっとどこかに埋めるしかありません。実際、ブラウン管が解体後どうなっているのかは、ほとんど発表もされていません。それ以外の細かいものの中では、配線の中に入っている金などの貴金属や銅は、何とか使えますので、それなりの値段で回収します。

つまり、使い終わった家電をリサイクルして資源を回収するというのはウソで、廃家電を解体すると、もし消費者が4000円も払ってくれれば何とか少しは回収できることを意味しています。消費者が4000円を払ってリサイクルするということは、4000円分の資源を使うことですから、その中から1000円分の資源を回収したところで、実質3000円の資源をムダにすることになります。焼却してしまえば、先に書いたように四つの成分に分かれますから、資源を回収することもまだ可能です。

国民は無駄金を払い、バカをみている

ペットボトルにしても、紙にしても、家電リサイクルにしても、なぜ国が「お金がかかる方法」を選択するかというと、そのお金は国が出すのではなく、国民が税金として出すからです。

そしてお金がかかればかかるほど、そのお金は、役人の知り合いの人や役人自身の天下り団体

に行くので望ましいのです。国民は、家電リサイクルで、少しでも安い方法を選んでほしいのですが、国はできるだけ高い方法がよい、業界も同じということです。

環境問題は、見かけが善意や環境を守るといういかにも道徳的なことなので、みんなが反対しにくいところを突いて、今まで不合理な方法がとられてきました。商売なら損をするのでこんな方法はとらないのですが、何しろ税金を徴収すればよいのですから簡単です。何とかして科学のことがわからない人をだませばよいとなるのです。そんなことを考えず、真面目に廃家電を処理するのがよいと私は思います。

現在、廃家電のリサイクルはさらにひどい状態になっています。廃家電のリサイクルが始まったときには、まだ真面目にリサイクルに取り組んでいるところが多かったのですが、最近では、法の網の目をくぐって、リサイクルをする気もないのに消費者からリサイクル料金をとって、中古として横流しすることが行われてきました。

業者が廃家電を引き取るときに、「法律で定められたリサイクル料金です」というものですから、消費者は仕方なくリサイクル料金を支払います。ですが本当のことを公にするなら、「法律でリサイクル料金をとってよいことになっていますが、それをリサイクルに使っても、そのままポケットに入れてもよいようになっています」と言わなければなりません。事実、そのようなことをしている電気屋さんが大手でも何社かあり、現在、実に50％以上がリサイクル

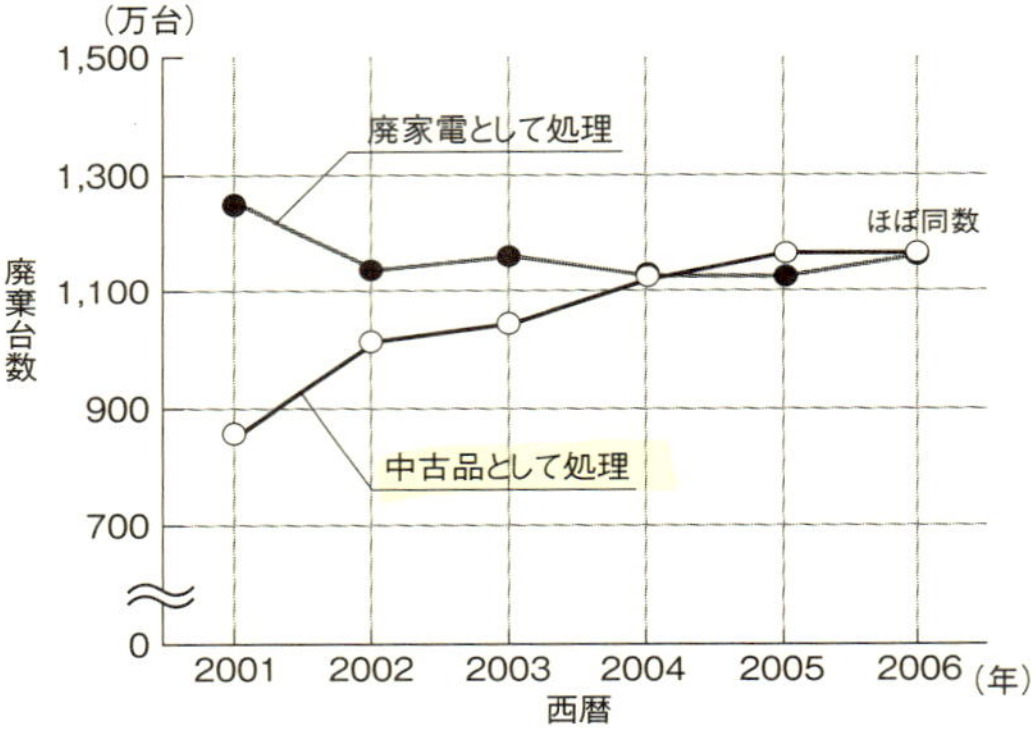

図表18　家電4品目（エアコン、テレビ、冷蔵庫、洗濯機）の回収状況
（参考：「家電リサイクル制度の施行状況の評価・検討に関する報告書（案）」産業構造審議会・リサイクル小委員会ほかから武田研究室計算）

されずに中古品として売られています。

中古品としてでも売られれば役に立つのだからよいと思う人がいるでしょうが、実は二つの意味でダメなのです。

まず、4000円はリサイクルをするための経費として徴収されます。それはリサイクルが大変だから、それにお金がかかるからです。しかし中古品として流通するなら、そんなにお金がかかりません。

つまり、中古品として販売するなら、消費者から4000円をとるのではなく、たとえば2000円で中古品として買い取って、それを5000円で売り、その差額の3000円を手にするというのが、中古品販売の正しいやり方です。それなのに、法律があるからというので4000円を消費者からとり、さらに5000円を販売先からとるので、合計9000円を手にするのです。こんなにうまい商売はないのですが、それを奨励しているのが家電リサイクル法なのです。

もちろん、この実態は自治体もわかっていますが、目をつぶっているというか、自分たちの利益にもなるし、業者も儲かる、損をするのは国民だけだからよいというわけです。日本の官庁や自治体はこんなことも処理できないほどに、システムも意志も弱っているのです。

具体的に現実を示してみましょう。

右の図でわかるように、廃家電として正規ルートで処理されているのと同じくらいの台数が、「どこへ行っているかわからない廃家電」、つまり中古に流れているものです（図表18）。家電リサイクルが始まった頃には、少なかったのですが、最近では、それが50％を超えているのですから、一部に悪い人がいるのではなく、業界全体が関与していることがわかります。それも松下電器、三菱電機、日立製作所といった日本を代表する企業が加担しているのですから、本当に恐ろしいことです。

最近、日本列島は偽装流行りですが、この家電リサイクルは、国ぐるみ、一流家電メーカーぐるみという点で、本当に大きな偽装です。しかし、これほど偽装も大きくなると、どこから手をつけてよいかわからなくなるので、そのままになっています。

海外にも広がるリサイクル汚染

家電リサイクルは、最初から「基本的矛盾」と「心が決まっていない」ところに問題があります。

基本的矛盾とは、「すでに国内で家電製品をあまり作っていないのに、どうして循環するの？」という単純な疑問です。第二次世界大戦後、松下幸之助さんなどが現れて日本の家電製品は世界に誇るまでになりました。三種の神器といって、テレビ、冷蔵庫、洗濯機は、豊かな家庭生活をするにはなくてはならぬものになり、多くの人が家電製品をそろえるために一所懸命になって働きました。

そして時代は変わり、日本では簡単にできるテレビなどの代わりに、より高度な製品が作られるようになり、日本の家電メーカーが作る製品は、東南アジアなどの途上国で生産されるようになります。その理由は、日本の人件費が高くなり、単純労働なら途上国に工場を作ったほうが家電メーカーとしてはより安くできるからです。

たとえば、マレーシアの工場でテレビを作り日本に持ち込むとします。現代のテレビは寿命が約10年ほどですが、薄型テレビなどができて消費心をくすぐられ、ついつい早めに買い替えるので平均して6年ほどで更新します。まだテレビは十分に使えるか、少し修理すれば立派に見られるのですが、「リサイクルするから大丈夫です」という言葉にだまされて、またはだまされたくて、新しいテレビを買います。

そのテレビの約半分はリサイクルに、約半分は少なくとも違法な状態で中古市場に出回ります。リサイクルに回されたテレビは解体し、そこから資源を回収するものの、その資源は日本国内では使用する用途が現実的にはありません。テレビはもともと海外で作っているので、日本で回収しても、回収した資源をそのまま使う工場がないのです。

そこで、その資源をマレーシアに売ろうとしますと、日本の高い人件費で回収した資源は消費者から4000円をとってもまだ高いので、売れません。かといって部品で売ろうとするとバーゼル条約に引っかかります。

バーゼル条約というのは、1989年にヨーロッパのスイスで締結された国際条約です。簡単に言うと「有害物質が含まれた廃棄物を他国に出してはいけない」という決まりです。国際的に環境が問題になってから、先進国が廃棄物処理をするのがイヤなので、何とかして有害物質を含む廃棄物を開発途上国に押しやる傾向が出てきました。

その典型的な事件が、かつて日本が病院で使った病原菌が付いている注射針をフィリピンに出した例などがあります。この例は発見されて日本に戻ってきたのですが、それを処理する業者が見つからずに大いに困ったものです。

このように、環境、環境、と連呼する割には、先進国は悪いことをするので、その歯止めと

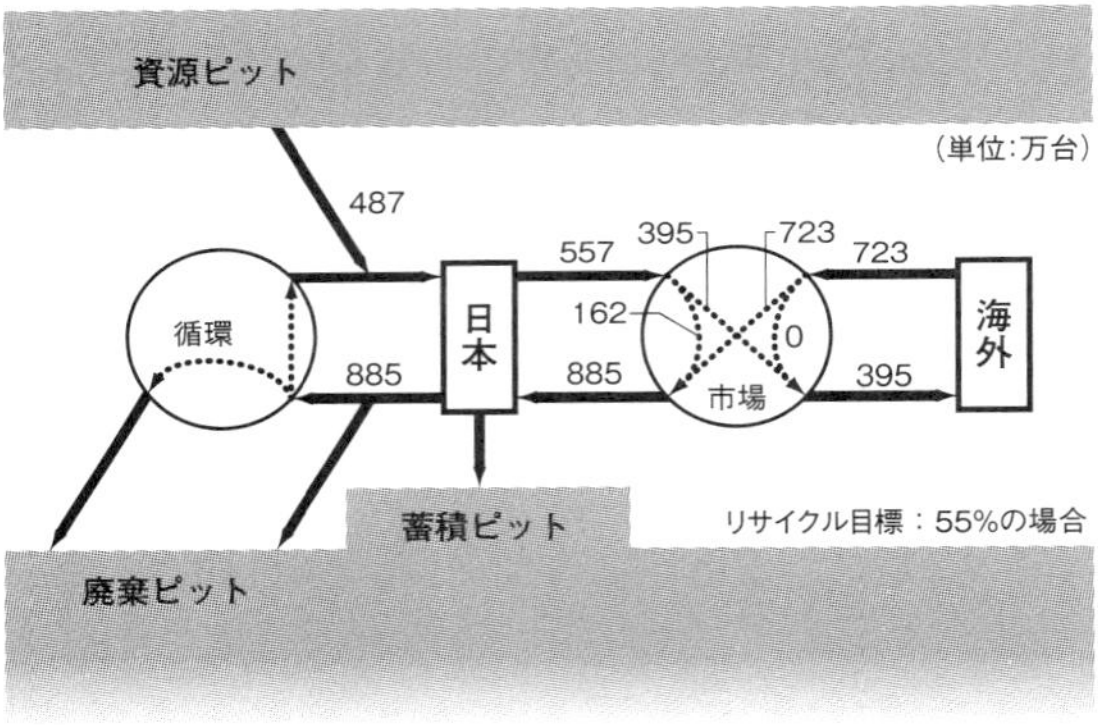

図表19　テレビの国際循環（1998）
（出所：武田研究室計算）

して締結された条約です。国際条約ですから抜け道はあるのですが、その精神を生かすとしたら、有害物質を含む廃棄物は、先進国でも処理がやっかいなのですから、開発途上国に持ち込むのはとんでもないことです。ですから元素のような粗原料に戻さなければならないのですが、そうすると今度は国際競争力がないという状態になります。
基礎知識を得たところで、テレビの国際的な状況を調べてみることにしましょう。上の図は、1998年の日本のテレビの生産状態を私の研究室で整理したものです（図表19）。日本人が見るテレビは、一年に885万台ですが、そのうち、723万台が海外で作られ、日本で162万台が生産されます。日本人が買う多くのテレビは、すでに海外で作られていたことがわかります。

その885万台はやがて捨てられますが、そのうち、約半分がリサイクルルートに乗り、その他が、闇の中に消えていきます。そしてリサイクルルートに乗った半分のテレビのうち、どのぐらいがまたテレビに使われるかは、統計がありません。品質面から見て、ほとんどそのまま捨てられているものと考えられます。

つまり、この図で問題は日本に持ち込まれる723万台のテレビの製造工場に、日本でリサイクルした資源が回らなければならないのですが、現実的には、ほとんどその気配がないのが現状です。このように、国際化した製品を国内だけでリサイクルして、一体どのようになるのかという基本的なことすら、議論も検討もされていないのが現状です。

廃棄物を途上国へ売りつける日本

もう一つ、「中古だから貧乏な国に出してよいのか」という基本的な問題もほおかむりしている状態です。

たとえば、10年の寿命を持つテレビを、アジアの途上国で日本企業が作り、それをそっくり日本に持ち込みます。1台10万円もするので、お金持ちの日本人しか買うことができないとします。日本人がそれを買って6年間見て、リサイクル費用を払って新しいテレビを買います。

実際に生活関係の調査機関のデータを見ると、日本人が同じテレビを見る年数は、平均して6年くらいという結果が出ています。

リサイクル費用を受け取ってテレビを引き取った家電量販店は、それをそのまま解体するのはもったいないので、密かにそれを製造した国に輸出します。密かでなければなりません。すでにリサイクルすると言ってお金を頂戴しているのですから、お金をもらって販売するなど、まともな人のすることではないのです。

でも実際には、途上国に売られてしまいます。途上国の人は新品を買えば10万円もするのに、中古だから2万円ですみ、しかもまだ4年も見ることができるのだから助かります。かくして、消費者は4000円を払ってバカをみていますが、日本の業者は4000円と販売代金5000円をもらってホクホク顔ですし、現地の業者も販売が増え、途上国の人もまだ見ることができるテレビが安く手に入ったのですから、四方八方万々歳です。

このようなことをやめようというのが「循環によって環境を守る」という決意なのです。もし途上国で製造し、日本で見て、中古を途上国が買うことになると、最後は途上国に廃棄物がたまります。もともと廃棄物の処理は先進国でも大変なのに、途上国にそれを全部押しつけることになります。これこそ貧富の差を利用した格差拡大行為になりますので、リオデジャネイロの環境サミット以来、やめようと国際的な問題になったことの一つです。

事実、2005年の5月に東京で行われた国際的な環境大臣会議では、南アフリカの大臣が「先進国は中古品だといって粗悪な製品を途上国に売り、途上国では修理もままならないので、廃棄物が増えるばかりだ。こんなことは中古品の販売という名を借りた廃棄物の輸出であって、許せない」という意味の演説をしています。これを日本政府が、聞いて聞かないフリをしているのですから、日本人の誠実さも地に落ちたものです。

私はきれい事を言う環境運動家に、時々苦情を言いますが、環境運動家はみなさん十分に勉強し、このような状態を知っているのに、肝心なことになると口を閉ざしてしまいます。私から見ると、どうしても誠意のない態度に見えて仕方がありません。ゴミは自分で片づけると言うことを決意したのですから、ともかくできる方法で廃家電製品を処理し、まだ使えるものはできるだけ国内で中古品として販売し、海外に出したものはその後、海外から日本に引き取って処理しなければならないと思います。

環境にはお金がかかるとよく言いますが、それは環境に対して誠実さを持ってやればお金がかかるということです。廃家電の処理に4000円をとって、さらにそれを再販して5000円をとることを「お金がかかる」というのは、ただ自分だけが不当な利益を得たいと思っているだけなのです。

あるときに、真面目な環境運動家とレジ袋の追放について話をしたことがあります。私が

「レジ袋は石油の有効利用であり、レジ袋の追放をやっているのは大型スーパーであり、タダのレジ袋の代わりにエコバッグと有料ゴミ袋を売ろうとする狙いが見えているのではないか」と言うと、それはさすがによくご存じでした。でもこれまでの経緯や、業者との癒着があり、その環境運動家は自分のポジションを捨てられないようでした。

家電リサイクルには、日本の大手家電メーカーが深く関与しています。しかし戦後から一貫して家電メーカーは庶民の味方でした。その精神を受け継ぎ、現在のように、日本人も開発途上国の人も裏切るようなシステムを早くやめてほしいものです。

第三節　自然を大切にする心を失う

自然を使えば「環境破壊」になるか

「捕鯨禁止運動」というのをご存じの人は多いと思います。世界の穀類と肉の食習慣を分類すると、お米を食べる民族はだいたい魚を捕りますし、パンが主食のところは肉食が多い傾向があります。世界でアジアの東のほうがお米を食べ、中東から西のほうが肉食という分類です。

ですから、肉食の民族は、海の魚やその他の生物を捕るのに慣れていません。

たとえばタコは悪魔と関係がありそうだということで捕りませんし、クジラは知能が発達しているからという理由で食料にはしなかったのです。私たち日本人から見ると、クジラとウシやブタのどこが違うのかと感じるのですが、それは民族や風習の違いですから、どうにもなりません。ヨーロッパのレストランに行きますと、普通に「ハト」がメニューにありますが、最初は何となくハトを食べるのに躊躇してしまいます。

そんな食習慣の違いから、捕鯨禁止運動が盛んに行われ、日本の捕鯨が禁止されたことは有名です。現在でも、日本は調査捕鯨ということで少量のクジラを調査目的で捕獲していますが、これに対しても強い抵抗があります。

２００８年1月15日、捕鯨禁止団体の中でも過激な運動で有名なシー・シェパードという団体が、日本鯨類研究所の調査捕鯨船を急襲した事件がありました。南氷洋で調査捕鯨に当たっていた日本の調査船が調査捕鯨をしているところに、突然、現れて劇物を投げ込み、船内に2名が侵入したというのですから、かなり過激です。

この事件に対する日本人の反応はほとんど決まっていて、「クジラの数が減るのなら別だが、減らないように捕って何が悪いのだ。クジラがかわいそうというなら同じ哺乳動物のウシを欧米人は食べているじゃないか。あまりにも自分勝手だ」というものです。

もし、「自然のものを少しでも採ってはいけない。採っていいものは、人間が栽培したり飼育したりしている、お米や麦、野菜、家畜などに限られる」という考え方を持ち込めば、クジラは捕獲してはいけないけれど、飼育しているウシは食べてもよいということになります。少し変な感じがしますが、文化や人の考え方もいろいろですから、そういう論理も成り立ちます。

実は、「100%リサイクル紙」がよいと運動している人は、このシー・シェパードと同じ考え方といえます。日本では、お役所がコピー用紙は100%リサイクル紙に限るという法律まで作り、それに税金をかけて購入しているのですから、お役所自体がシー・シェパードと同じ思想なのです。日本のお役所は、暴力は振るいませんが、100%リサイクル紙でなければ購入しませんから、強制力があるという意味では同じです。

なぜ、100%リサイクル紙にこだわることは捕鯨禁止運動と同じなのでしょうか？

紙は樹木から作られます。そして樹木は森林で太陽の光を受けて自然に育ちます。つまり、紙はちょうど「クジラの肉」のようなもので、生物が太陽の恵みで育ち、その一部を人間が利用するという仕組みで、人間以外の動物は、すべて同じような仕組みで生活をしています。動物は自分では栄養や道具を作ることができませんので、植物が作った栄養をとったり、木の枝を利用して巣作りをしたりします。もし動物の活動で自然を壊すことがあるとしたら、それは「自然の中でできる量を超えて利用した場合」に限られます。

自然と人間の共生とは

それでは、「森林の樹木を伐採して紙を作る」という人間の行為は、自然を破壊することになるでしょうか？ 自然と人間の共生といった観点から、そのことを、①自然林と人工林 ②樹木の生育と利用 ③どこの森林を利用するか、の3つに分けて、説明をしていきたいと思います。

まず、自然林と人工林の問題ですが、どの国の森林も、そのすべてが自然のままに放置されているのではなく、ある程度は自然のままですが、ある森林は人工的に植林して管理し育てます。植林したり管理したりする森林を「人工林」と言いますが、日本の森林の状態を、青森県と愛知県をとりあげて見てみたいと思います。

青森県の森林と愛知県の森林の状態をグラフで示しましたが、森林の量は、ほぼ人工林と天然林が同じで、愛知県では若干、人工林が多いと言えます（図表20）。また人工林はある程度のところで伐採しますので、天然林に比較すれば年齢が若く、青森県では樹齢が38年程度、愛知県では40年程度であることがわかります。

いずれにしても、天然林と人工林は適度な比率に保たれます。平野を田畑にするときには、田畑にできるところは、極力、田畑にしてしまうのですが、森林では、ある程度は天然林にするのが普通です。これは急峻な地形の場合、人工林にしても利用しにくい事情もあります。

次に、生育量と伐採量の問題です。

〈愛知県〉

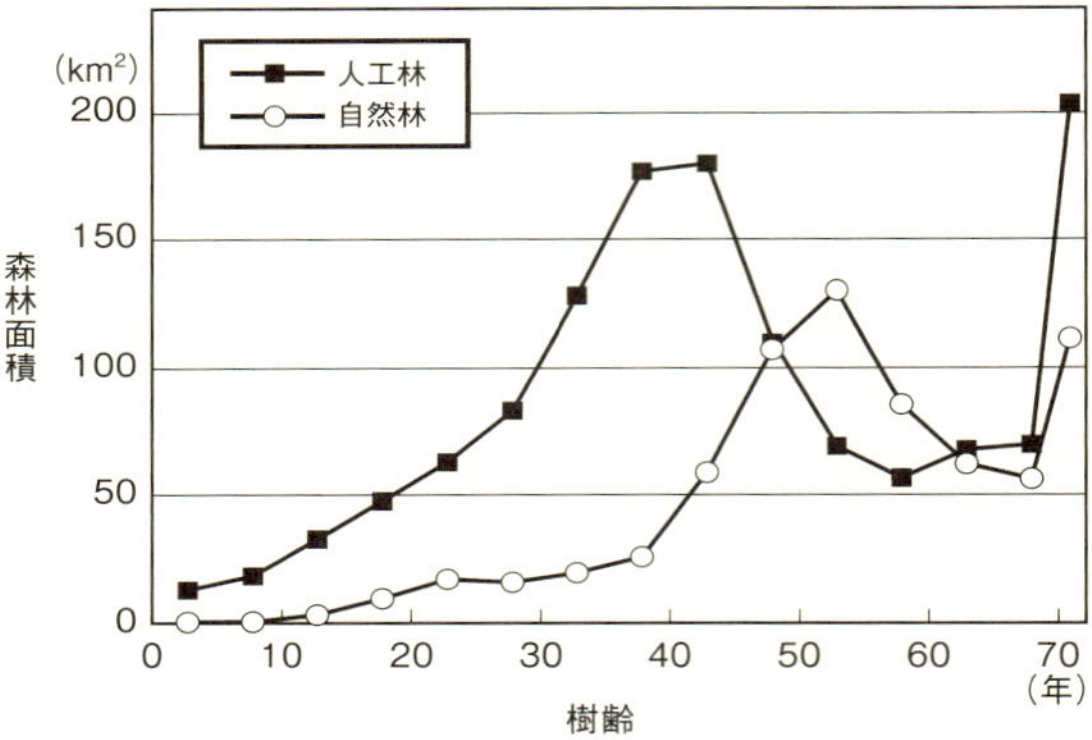

〈青森県〉

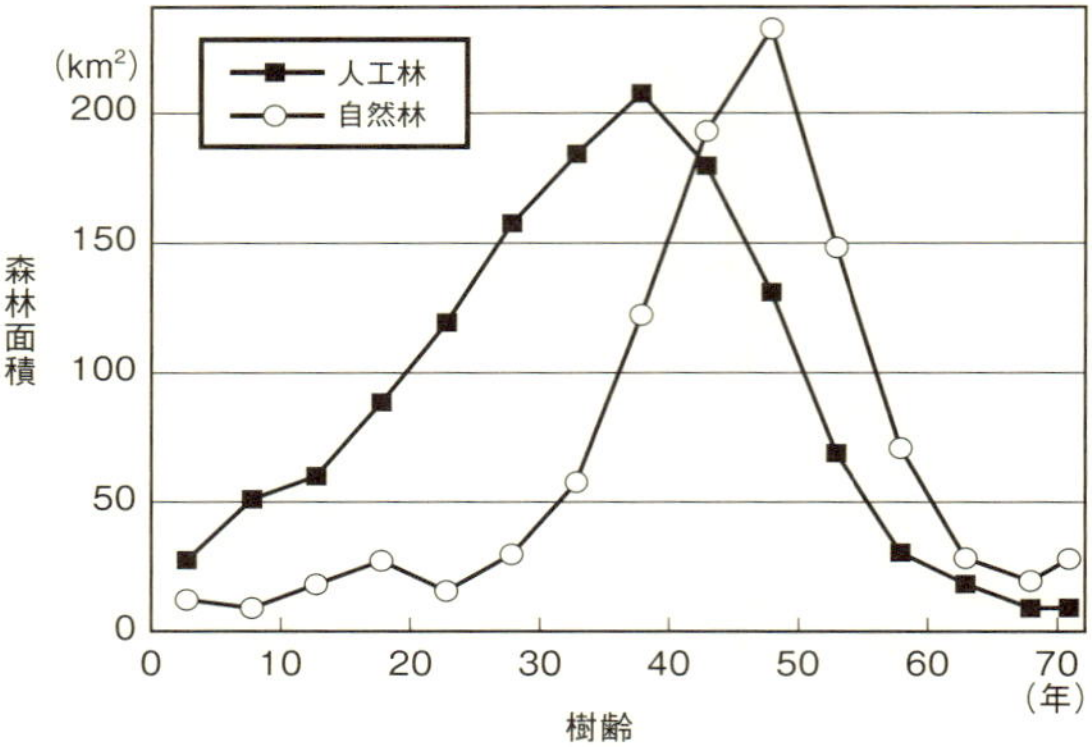

図表20　人工林と自然林の生育量と樹齢比較

（参考：愛知県：愛知県農林水産部林務課、平成12年度愛知県林業統計書（2001）
青森県：青森県農林水産部林務課、青森県森林資源統計書（2005））

森林は生長します。私たちも庭の木を切ったら、かなりのゴミが出ることを経験で知っていますが、とにかく樹木は生物で自然に増えるので、増える分だけは伐採したり、間伐しなければなりません。

先進国で国土面積の3分の2以上が森林である国は、スウェーデン、フィンランド、そして日本の3カ国ですが、このうち、スウェーデンとフィンランドは森林利用率が90%です。つまり、森林が生育する量の90%を伐採して利用しているということですから、森林はまったく傷むことなく、10%ずつ増えることになります。

もっとも、スウェーデンとかフィンランドのような昔から森林を有効に使っている国は、いまさら森林が増えても仕方がないので、伐採率は、理論的には100%でもよいのです。一方、日本では100%紙のリサイクル運動病が始まり、森を有効に利用することができなくなりました。スウェーデンやフィンランドと同様、国土に占める森林の割合が高いにもかかわらず、現在、森林利用率は50%にしかなりません。

自然と人間との共存という点からすると、日本は「森林を伐採しないから環境の劣等生」ということになります。森林を伐採しないのが自然を守ることだなどという錯覚から、早く脱皮することが必要です。

森林を守るためには、森林に入って森を守る人がいなければなりませんが、その人たちも趣味で森林保護をするわけにはいかないので、枝打ちした端材や、その他のものが、商品価値を持たなければなりません。しかし日本では端材が売れないので、そのまま山に捨ててきて、それが台風のときに流木となって川にあふれるという被害が起こっているのです。

自然を大事にする国は自国の農業も大切にしている

人間と自然との関係で、日本でおかしくなっている中心的なものが農業です。「食」は人間にとって最も大切なものであり、自然とのかかわりのうえでも重要です。自然を大切にする国は、農業も大切にしています。たとえば環境問題でよく参考にされるヨーロッパでは、長い歴史の中で、文化と農業を両立させるように進んできました。そのことは、農業従事者の年齢分布でも見ることができます。

左の表は、日本、イギリス、フランスの農業従事者の年齢分布を示していますが、日本では65歳以上の方が51％と、半数を超えているのに対し、イギリスもフランスも「普通の職業」と同じように、若い人が農業に従事していることがわかります（図表21）。

中国から輸入される食品の事件が起こったり、残留農薬が心配されていますが、中国ばかりではなく、食というのはその国その国によって習慣も違います。第一、食べるもの自体も異なるのですから、全世界の食が日本の基準に沿っていなければならないなどということは、もと

	日本	フランス	イギリス
35歳未満	2.9	28.2	31.7
35〜44	7.1	28.3	22.2
45〜54	14.6	26.8	22.0
55〜64	24.2	12.7	16.3
65歳以上	51.2	3.9	7.8

図表21　日本、フランス、イギリスの農業従事者数（%）
（参考：農林水産省「農林業センサス」などより）

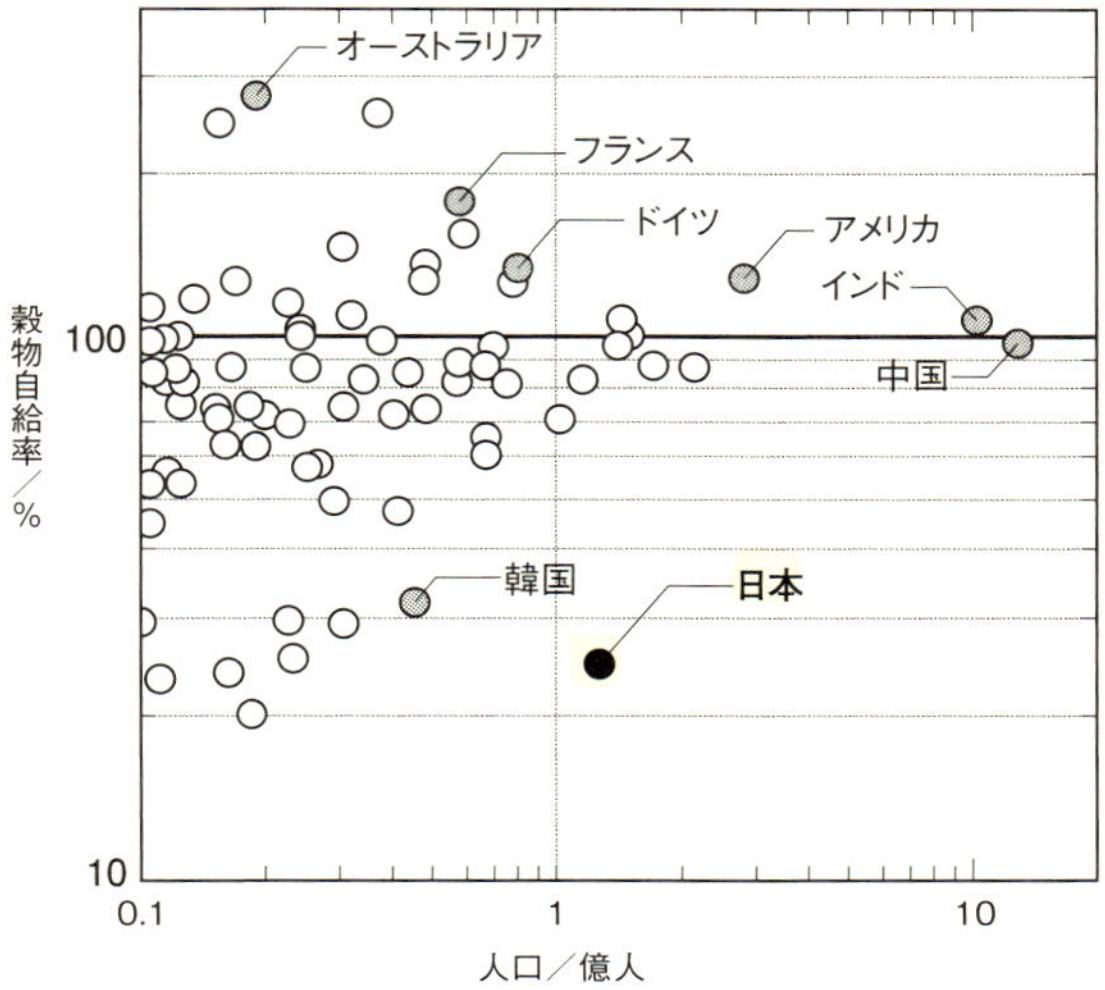

図表22　世界各国の食糧自給率
（参考：FAO-STAT（2001））

もと無理なことです。大切なのは、むしろ食の自給率を上げて、毎日食べるもののほとんどは自分の国のもので、時々「珍しい外国のものを食べて食卓をにぎやかにする」くらいがよいのです。主要な食物はすべて外国から輸入し、国内のものが少ないなどという国は、少なくとも先進国や人口の多い国の中では日本しかありません。

前ページの下のグラフは、世界各国の食糧自給率を示したものです（図表22）。横軸が人口で、縦軸が穀物自給率になっています。対数グラフという特殊なグラフなので少し理解しにくいかもしれませんが、横軸で人口が10億人クラスの国は中国とインドで、いずれも自給率は100％近くになっていることがわかります。

人口が数億人の国で比較すると、アメリカがかなり高い自給率であり、日本以外の国は、いずれもおおよそ90％以上の自給率を持っています。また先進国は経済的に余裕がありますので、ドイツ、フランス、そしてグラフには名前がありませんが、イギリスなどの先進国は、いずれも100％を超えています。

人口の多い国が自給率が低いと、世界全体でも食糧をカバーできないので、あまりに低い自給率では、世界全体が飢えることにもなってしまいます。その点で日本という国は、他の国からどう見えるでしょうか？　残念ながら、第二次世界大戦のときの、神風特別攻撃隊のように「日本人は何を考えているのかわからない」ということになってしまいます。確かに、1億人を超える人口を抱え、世界でも有数の経済力を持っているのに、なぜこれほど低い自給率で満足しているのだろうか、と訝《いぶか》られるのは当然です。

日本人の行動は矛盾に満ちている

食料自給率とは正反対のことですが、京都議定書で参加155カ国のうち、日本ただ1カ国だけが、温暖化ガスの削減に血道を上げていることも、国際社会では理解されていません。すでに、京都議定書で削減義務を負ったアメリカとカナダは参加していませんし、ヨーロッパは1990年を基準に、EU内で調整することによって実質的な削減から逃れています。世界全体が温暖化ガスの排出削減は必要と考えていますが、「ほどほどに」という中で、世界が動いているのです。日本だけが、やけに熱心に「チーム6%」などと言って取り組んでいるのを見ると、何となく気味が悪くなるのもわかります。

さらに、もし温暖化ガスを日本だけが削減しても、若干でも温暖化を防止できるなら日本の行動が理解される余地がありますが、もともと世界の温暖化ガスの5%しか出していない日本が、その6%を削減したところで意味がないのは誰でもわかります。意味のないことを、国を挙げてやっているのですから、穀類自給率を含めて、「日本という国は理解できない、信用できない」ととられても仕方がありません。

日本人ですから、日本を冷静に見ることができないのも、ある意味で仕方がないことです。

しかし、特にヨーロッパ人やアメリカ人が「環境」としてとらえているもの、「自然」と感じるものに対して、日本がどのような行動をとっているかを整理しますと、まず森林の利用については、国土面積の3分の2が森林なのに、紙にも木材にも使わずに、石油を使ってリサイクルをし、「森林を守ろう」と言っている行為が、彼らは理解できません。また、捕鯨になると一転して「生育量の範囲なら捕鯨できる」と正反対になります。

温暖化で生物が絶滅すると心配していると思ったら、日本列島の野生動物は、都市化や道路のためにほとんど絶滅状態にあります。そして動物愛護という点でも問題があります。一つはイヌやネコのような動物を大量に殺していることです。毎年、保健所で薬殺されたり二酸化炭素で窒息処分されるイヌの数は、約20万匹、ネコが約30万匹ですから、ものすごい数です。そのような数のイヌやネコを処分しているのに、まったく社会的問題にもならないのも奇妙なことです。処分されないまでも、劣悪な環境で虐待されていたり、ブリーダーと呼ばれる「強制繁殖屋」に、体力の限界まで子供を作らされて捨てられるイヌなど後を絶ちません。

温暖化でサンゴ礁の一部が死滅することにあれほど注目する日本人が、日常的に身の回りで殺されるイヌやネコに関心がないのは本当に不思議です。そしてこれもたびたび指摘されることですが、医学実験用に使用される動物の種類と数の多いこと、それが統計もあまりとられず、国民の関心もなく、ガイドラインが整っていないことも、国際的な不信を招く一つの原因になっています。

もともと日本が環境や動植物の保護を無視するような国なら、全体としての辻褄《つじつま》は合っていますから理解できるのですが、あるときには自然が大切とか、動物を大切にするのに、あるときには正反対の行動を平気でとるのが理解不能なのです。

第四節　北風より太陽、物より心

リデュース、リユース、リサイクルの3Rにだまされるな

「ところで、先生は結局どうしたらよいと思いますか？」と、環境の講演をするとよく聞かれます。そんなとき、私は、

「好きな人がいれば、1杯のコーヒーでも夢のような2時間を過ごすことができる。もし好きな人がいなければ、電気街に行ってパソコンを山ほど買い、一人で家にこもるしかない」

と答えることにしています。

要は、心が満足すれば人間はそれほど多くの物を必要としませんが、心が貧弱であれば何とかして心の隙間を物で埋めようとします。物が増えるというのは、現代の工業生産が大量生産

を目指しているところもありますが、現代社会が人間的ではなく、生き甲斐を見つけにくく、心が満足しないことが原因していると私は感じています。

私はリデュース、リユース、リサイクル、いわゆる「3R」と呼ばれるものが嫌いです。なぜかというと、まず英語を使っているからです。日本語で呼ばずに英語で呼んでいるものに、ろくなものはありません。リサイクルをせずに焼却することをサーマルリサイクルと言ったりするのがその例です。日本人は、日本語で言ってもらうと正確に言葉を理解することができるのですが、英語で言われると本来の目的や意味があいまいになります。そのわずかな隙を狙って、相手をだまそうとしている人がウソをつくのに英語を使うことが多いからです。

サーマルリサイクルのことを焼却と日本語で言ったら、おそらく誰も、焼却をリサイクルに入れないでしょうが、サーマルリサイクルというと、何となくリサイクルのような感じがしてしまうから、恐ろしいことです。英語の本場ヨーロッパでは、廃棄して焼却した場合はリサイクルに入れてはいけないと現に禁止しています。英語の本場では、その意味がはっきりわかってしまうからでしょう。

もう一つ、3Rがイヤなのは、物に目がいっているからです。リユースする、リサイクルするというのは、目の前にある物が気になって仕方がないからです。新しい物を買いたい、でも何となく環境も気になる、それならリサイクルをすると言えば、心が軽くなるから新しい物を買うことができる……そういう心の動きになるのです。

「もったいない」という言葉があります。最近のように多くの人が物にとりつかれている社会では、物を節約するためにもったいないと子供に教えることになりますが、私が母から教えてもらった「もったいない」という言葉は、心の問題でした。「もったいないからご飯粒は残してはいけないよ」という言葉には、「せっかくお百姓さんが苦労してお米を作ってくださったのだから、残してはいけない」という感謝の気持ちであって、自分が生かされているのは自分を支えてくれる多くの人がいるからだ、という心から出た言葉でした。決して、ご飯粒一つを残すと、ゴミが増える、などということではなかったと思っています。

「もったいない」は感謝の気持ちであり、その結果として「物を節約する」ことができますが、それはあくまでも結果であって、動機ではありません。

最近、日常的に使うものがわかりにくくなりました。その一つが電気ポットで、ポットを使おうとすると、ボタンにいろいろ説明がついています。ここを押すとお湯が出るとか、熱いお湯が出るから注意といった類のことが書いてあります。しかし、かつてヤカンでお湯を沸かしていた頃、ヤカンにこちらを火にかけろとか、沸騰していたら熱湯に気をつけろなどと書いてはありませんでした。日常的に使う物は自分の生活に馴染み、お婆さんの時代から使っているからこそ生活に潤いが出るのです。

そのもっと極端な例が水道の蛇口です。昔は左に回せば水が出て、右に回せば止まったものです。そんなことは決まっていて無意識のうちに水道栓を閉めることができました。でもこのごろは、蛇口によってはバーを上げれば水が出ることもあれば、下げると出るものもあります。水道水を出すときでもいちいち、「ここはどうだったか？」と考えるのですから、ゆとりのある生活を送ることができないのは当然です。

愛用品を多く使う生活は、自分の周りにあるものが馴染んでいますから、ゆったりとした気分で生活をすることができます。その結果、物をあまり買わなくなるので、ゴミも減るのです。ゴミを減らすことを目的として生活をしているのではなく、心を満足させた結果、物が減るので、ゴミが出ない生活になります。

心が満足していると物は少なくてすむ

私の書いた『エコロジー幻想』という本の中の一説が、高等学校の国語の教科書に載っています。「愛用品の五原則」というものです。愛用品の五原則というと長く使う物を買うのですから、その結果として買い物が少なくなり、ゴミが減ります。これもやはり結果であって、ゴミを減らすために愛用品を持つのではありません。愛用品の五原則が収録されている本の中に、次のような意味の一節を書きました。

特に、秋の寒い日、背広などをキチンと着込んでいるときがいちばんです。雨は少しもやむ気配がなく、頭や肩、そして足下だけではなく、全身、濡れ鼠になってきます。そのうち、靴がぐずぐずになり歩くごとに音を立て始めます。

ようやく家にたどり着き、「ひどい目に遭った！」と叫びながら玄関先で靴を脱ぎ、背広を取り、下着一枚になって、ぶるぶる震えながら風呂のガスをつけます。体はシンから冷え、せっかく買った背広はダメになりました。

そこまでが地獄です。でも、シンから冷えた体はまちにまった風呂に飛び込んだ途端に、じんわりと消えてくれます。冷え切った手足がしびれ、それが徐々にほぐされて行きます。五分後には小さい風呂の中で思い切り手足を伸ばし、生き返ります。

背広や靴の被害は取り戻せません。それでも、その一日は大わらわ、濡れた物を片づけたり、愚痴を言ったり、寝る時間まで十分に「ずぶぬれ事件」を楽しむことができます。この「ずぶぬれ事件」は翌日の会社でも、一週間あとの飲み会でも楽しい話題になり、やがて懐かしい記憶に変わります。

ずぶ濡れになるのは、そのときはつらいことですし、靴も背広も台無しになるのですから物質的な損害も大きいのですが、それを超えても人生が豊かになることは間違いないと私には思えるのです。すべての生活のことを、物を中心として考えていたこれまでを、心を中心に据えると、案外、物を買うことが少なくなります。だからゴミを減らそうとか分別しなければならないとか、二酸化炭素を減らそうなどといっさい考えなくても大丈夫です。

昔の寓話に、寒い冬にオーバーを着込んでいる旅人からオーバーをぬがせる競争を、太陽と北風がする話があります。まず北風がびゅーびゅーと吹いて、なんとか旅人からオーバーを脱がせようとしますが、旅人はますますしっかりとオーバーを握って離しません。次に、太陽がその旅人をポカポカと暖めますと、旅人は次第に心がゆっくりしてきて、やがてオーバーを脱いだという話です。

たとえば、ある市役所がゴミを減らすのにゴミ袋の値段を上げると決めたとすると、それこそ典型的な「北風政策」といえるでしょう。それに対して、毎日、楽しく過ごせるような市民生活を設計することができれば、市民は物を買わなくても充実した毎日が送れるので、ゴミは自動的に減るのは間違いありません。これが「太陽政策」と呼ばれるものと私は思うのです。

私自身はどうかというと、実は32歳のあるとき、「社会が、大切とか儲かるということと、自分の人生としてよいこととは違う」ということに気がつき、それ以来、自分が満足する生活の仕方に少しずつ切り替えてきました。その結果、今の私はお金にまったく関係のない生活をして、ゴミはほとんど出ません。

たとえばペットボトルはすばらしい容器で、簡単には壊れないので、何回も使いますし、お茶碗も大切に使っています。割合、手を使ったり、こまめに体を動かすことが好きなので、何でも自分でやります。そうするとほとんど物を使いません。また、歩けば健康になりますが、あまり頻繁に車に乗ると足が弱くなります。これも、別に環境のことを考えているわけではないのですが、健康を考えると環境によいという結果になります。

みなさんもぜひ、最近、明らかになってきた環境問題のウソをいい機会として、これまで「環境のため」と思ってきた生活を、「人生のため」という生活に切り替えてみてください。その結果として、環境によい生活に自然になるという実感を得てほしいのです。この本が、少しでもそのような新しい生活のヒントになってくれればと願っています。

あとがき

私は職業柄、材料や環境などの分野の学術論文は一年に10本ぐらい出しますが、一般的な書籍はあまり多く書いていません。そのせいか、一般書をたまに出版すると、「何のために本を出すのか」という根本的な部分で、世間と大きくズレがあることがわかり、違和感を覚えることがしばしばあります。

1年ほど前、ある書籍を出版しましたら、「独自のデータが多い」と言われました。しばらくの間、それは私の本のオリジナリティが高いという意味で、ほめ言葉と思っていたのですが、実はまったく正反対で「武田独自のデータだから当てにならない」と言っておられることがわかりました。またテレビに出ると「異端児」と呼ばれ、理由を聞くと、これも「公的に発表されているデータと違うことを言う人」という意味であることもわかってきました。

さらに以前、リサイクルに関する裁判があり、原告に頼まれて「このリサイクルは無効である」といった旨の鑑定書を、とある地方裁判所に出したことがありました。すると、被告になっている国（日本国）から、「武田のデータは国のデータと違うから、誤りだ」という反論に遭って絶句しました。その裁判では国が被告です。その被告が「自分のデータと違うから間違っている」といい、そういう論理が許されるなら、この先どんな問題で国が被告になっても、有罪になることはあり得ないでしょう。これはおかしな理屈です。

ところで、私が科学的事実を伝えようとするときには、その基礎となるデータを自分で調査したり、計算したり、時には理論的に式を展開したりします。そして10年ほど研究して、結果をまとめて本を書きます。

たとえば、ペットボトルの「リサイクル率」というのは、当初まったくデータがありませんでしたから、中部地区の自治体のデータや愛知万博のゴミの行方を調べ、リサイクル推進協議会のデータを解析し、資源学の式を応用して理論計算をするということを続けました。その結果、「どうも、数万トンぐらいしかリサイクルされていない」という結論を得ました。数年を要しました。この場合、「公的データ」は「回収率」しか出ていないので、私の導き出したデータは「独自」ではありますが、「公的数値と違う」ということではありません。

でも、本当は「独自」の数値で、しかも「公的に発表されているのと異なる」ということが、私が執筆する本のいわば「魂」に当たることになります。学問の自由や言論の自由、そしてマスメディアの人たちに与えられている取材の自由などはいずれも、「いかにして、公に発表されたデータと異なる情報を得て、それを社会に発表するか」にかかっているからです。

もし、公的なデータとその解説をするだけの本なら、データを出している機関に「わかりにくいので解説をお願いします」と言えば済むだけの話ですし、著者はその機関になるのが筋というものです。自分が本を出すなら、その本にはかならず「独自のデータ」と「独自の解釈」がなければ出版の意味はなく、著作権というもの自体もあやしくなります。

おそらく、これまでの日本は、お役所や公的な機関にウソをつく人がいなかったのでしょう。その結果、多くの日本人は「公的なデータには誤りがない」と考え、マスメディアは「公的なデータさえ使っていればクレームをつけられない」と安易に処理してきたのだと思われます。

学者やマスメディアは、公的機関のスポークスマンではないのですから、あくまでも、自分の研究や取材によって得られたデータに基づかなければならないと私は考えています。

書籍や新聞、テレビなどで情報を発信する側は、公にされた知識や情報をつねに検証し、オリジナルなデータと思想を持つことが大事です。また、それらを受け取る側は、「国が発表した数値だから」「新聞やテレビがそう言っているから」と安易に鵜呑《うの》みにせず、「なぜそう言えるのか」という問いを、どんな情報に対しても、一度投げかけてみることが大切だと思います。

科学に限らず、私たちの世界はそのようにして進歩してきたのですから。

著者

参考文献

『環境問題と世界史』大場英樹・公害対策技術同友会・一九七九
『逝きし世の面影』渡辺京二・葦書房・一九九八
『社会倫理思想史』淡野安太郎・勁草書房・一九五九
『義理と人情』源 了園・中公新書・一九六九
“The Wisdom of Science” H. Brown (Cambridge University Press, 1986)
“Earth Resources” B.J.Skinner (Prentice-Hall Inc., New Jersey, 1986)
“Separation Processes” C. J. King (Mc-Graw Hill, 1972)

※何十冊もの易しい本にあたるより、一冊の名著に取り組むことが自分の判断力を高めるのに役に立つと考え、環境の標準的な本ではなく、より深く理解するための本を紹介してある。

図表作成

(有) 美創

幻冬舎新書 081

偽善エコロジー

「環境生活」が地球を破壊する

二〇〇八年五月三十日 第一刷発行
二〇〇八年七月三十日 第八刷発行

著者 武田邦彦
発行者 見城 徹
発行所 株式会社 幻冬舎
〒一五一-〇〇五一 東京都渋谷区千駄ヶ谷四-九-七
電話 〇三-五四一一-六二一一(編集)
〇三-五四一一-六二二二(営業)
振替 〇〇一二〇-八-七六七六四三
ブックデザイン 鈴木成一デザイン室
印刷・製本所 中央精版印刷株式会社

Printed in Japan ISBN978-4-344-98080-8 C0295
た-5-1
幻冬舎ホームページアドレスhttp://www.gentosha.co.jp/
*この本に関するご意見・ご感想をメールでお寄せいただく場合は、comment@gentosha.co.jpまで。